油气管道标准境外适用性研究丛书

U0224796

油气管道标准境外适用性研究

《油气管道标准境外适用性研究》编委会 著

中国质量标准出版传媒有限公司
中国标准出版社
北 京

图书在版编目（CIP）数据

油气管道标准境外适用性研究/《油气管道标准境外
适用性研究》编委会著 . —北京：中国质量标准出版
传媒有限公司，2021.12
（油气管道标准境外适用性研究丛书）
ISBN 978-7-5026-4948-7

Ⅰ. ①油 …　Ⅱ. ①油 …　Ⅲ. ①石油管道—标准—
实用性—研究—中国　Ⅳ. ① TE973-65

中国版本图书馆 CIP 数据核字（2021）第 105193 号

中国质量标准出版传媒有限公司　出版发行
中 国 标 准 出 版 社
北京市朝阳区和平里西街甲 2 号（100029）
北京市西城区三里河北街 16 号（100045）
网址：www.spc.net.cn
总编室：（010）68533533　发行中心：（010）51780238
读者服务部：（010）68523946
中国标准出版社秦皇岛印刷厂印刷
各地新华书店经销

*

开本 787×1092　1/16　印张 9　字数 166 千字
2021 年 12 月第一版　　2021 年 12 月第一次印刷

*

定价：60.00 元

丛书编委会

主 任 委 员：刘中云

副主任委员：王振声　　丁建林　　杜吉洲　　崔　涛
　　　　　　　王国涛　　孟繁春　　谢　丹　　张对红
　　　　　　　张世斌　　崔红升　　冯庆善　　江玉友
　　　　　　　陈朋超　　张　栋

委　　　员：惠　泉　　陈效红　　汪　威　　王维斌
　　　　　　　吴张中　　李　莉　　刘　冰　　苗　青
　　　　　　　陈国群　　张　妮　　蔡培培　　张栩赫
　　　　　　　金庆国　　李狄楠　　李　立　　王禹钦
　　　　　　　孙　伶

本书编委会

主　　编： 刘　冰

副 主 编： 张　妮　　薛鲁宁

编写人员： 曹　燕　　祝悫智　　谭　笑　　熊　辉
李秋扬　　崔秀国　　刘守华　　王　岳
徐葱葱　　张栩赫　　蔡培培　　郭德华
董学刚　　刘志广　　李狄楠　　姚学军
郑素丽　　马江涛　　孙大微

审定专家： 张　宏　　李　莉　　刘玲莉　　汪　滨
税碧垣　　李　景　　张　明　　刘艳双

标准和标准化是国民经济与社会发展的技术支撑，标准在助推我国高质量发展转型过程中的基础性、战略性和引领性作用日益凸显。一个企业，一个行业，一个国家，要在激烈的国际竞争中立于不败之地，必须深刻认识标准的重要意义。

近些年来，我国油气管道领域标准化工作取得了长足发展，例如：首次开展企业标准体系建设创新实践，先进技术标准积累和研制突飞猛进，标准信息化技术水平跨越式发展，标准化人才培养储备贡献突出等。尤其是随着油气管道技术的快速发展，管道运维技术不断赶超国际先进水平，国内管道企业在着力推动标准国际化工作，主导制定国际标准，推动中国标准在"一带一路"国家应用转化方面均获得重大突破，对于提升中国标准的国际话语权和深化中国技术的国际影响力贡献巨大。

因此，国家管网集团组织撰写了这套"油气管道标准境外适用性研究丛书"，全套丛书共有7个分册，包括《油气管道标准境外适用性研究》《油气管道标准体系建设理论与实践》《油气管道标准适用性评价理论与实践》《油气管道标准信息化技术》《油气管道国际及国外先进标准培育研究》《中外油气管道标准比对研究》《油气管道标准境外应用实践》。分别对油气管道领域标准体系建设、标准评价、标准国际化、标准信息化、技术标准比对以及标准境外应用实践等进行了详细介绍。

期冀此套丛书作为油气管道领域标准化工作"十四五"发展的新起点，助力油气管网高技术发展、促进高水平开放、引领高质量发展，为打造中国特色世界一流油气管网提供支撑和保障。同时也希望此套丛书能够为其他行业提供借鉴，共同推动我国标准化事业大发展，有效推动我国综合竞争力提升。

2021 年 10 月　北京

标准是经济活动和社会发展的技术支撑，是国家基础性制度的重要方面。标准化在推进国家治理体系和治理能力现代化中发挥着基础性、引领性作用。近日，中共中央、国务院印发了《国家标准化发展纲要》（以下简称《纲要》），为新时代新发展格局下推进我国标准化事业发展绘制了蓝图。《纲要》提出我国标准化发展指导思想为"立足新发展阶段、贯彻新发展理念、构建新发展格局，优化标准化治理结构，增强标准化治理效能，提升标准国际化水平，加快构建推动高质量发展的标准体系，助力高技术创新，促进高水平开放，引领高质量发展，为全面建成社会主义现代化强国、实现中华民族伟大复兴的中国梦提供有力支撑"。《纲要》专门就"标准化开放程度"设立了发展目标，提出标准化开放程度显著增强，标准化国际合作深入拓展，互利共赢的国际标准化合作伙伴关系更加密切。《纲要》还部署了深化标准化交流合作、强化贸易便利化标准支撑以及推动国内国际标准化协同发展等重点任务。"十四五"期间中国标准对外开放将任重而道远。

"十三五"期间，在国家重点研发计划"国家质量基础的共性技术研究与应用"（NQI）重点专项中，中国标准化研究院联合国家管网集团等多家单位承担了"中国标准走出去适用性技术研究"一期和二期两个连续性重大项目，旨在通过开展中国标准境外适用性技术研究，增强我国在国际经济技术贸易规则和标准制定中的贡献度和影响力，进一步发挥标准促进世界互联互通的作用，为"一带一路"建设提供标准解决方案。

经过长达五年的攻关研究，"中国标准走出去适用性技术研究"项目圆满收官。由国家管网集团负责承担的其中一项重要课题"我国油气管道标准走出去适用性技术研究"取得很好的成果成效。该课题通过开展多方位、多层次、多维度的实地调研以及问卷调查和专家访谈研讨，为标准走出去提供扎实的基础支撑；通过宏观对标、微观对标、技术对标、管理对标、标准对标和案例对标，深入开展比对分析，为标准走出去提供有效的技术支持；通过特点分析、路线确定、实践结合和部署规划，开展标准走出去技术路径和方案的顶层设计；通过需求分析、技术攻关、实力提升和多层推动，开展标准走出去实践探索；通过定量评价、指标体系构建、制度搭建和成果转化，注重总结提炼，形成丰富有形化成果，为标准走出去提供可复制的示范推广。该课题创新提出一套包括政策适用性、技术内容适用性、经济适用性、环境适用性以及潜在风险在内的标准走出去适用性定量评价指标体系，具有科学性、普适性和可复制性；特别绘制出一幅包括采用方法、技术路线、总体思路和实现目标在内的标准走出去思路和涵盖国家、行业和企业三个维度的技术路线图，为我国其他行业和领域的标准走出去提供了极具借鉴意义的行动指南。

国家管网集团依托长期以来的标准化创新研究成果，勇于创新，为油气管道领域标准化事业，尤其是标准国际化事业做出了积极贡献。为进一步总结标准化研究与实践的优秀成果和经验，经过上百名专家及编者长达三年之久的打磨，终于将"油气管道标准境外适用性研究丛书"呈现给读者朋友们。这套专著分别从标准境外适用性研究、标准体系建设理论与实践、标准适用性评价理论与实践、标准信息化技术、国际及国外先进标准培育研究、标准比对研究以及标准境外应用实践七个方面进行了深入浅出的系统阐述，为读者系统地了解油气管道领域标准化工作打开了一扇窗，也为其他行业标准化工作提供了新的借鉴，是标准国际化领域不可多得的优秀之作。

中国标准化研究院　副院长

2021 年 10 月　北京

近年来，我国油气管道无论是从管道设计理念，工程建设实践方面，还是从运行管理经验方面，都在不断丰富且迅速发展，尤其是自 1993 年实施油气"走出去"战略以来，我国油气管道技术正在逐步走向国际舞台并且大放异彩。根据国家发展和改革委员会和国家能源局联合印发的《中长期油气管网规划》可以看出，我国油气管道未来仍处于快速发展时期。可以说，使命重大，任重道远。

在油气管道技术进步的同时，油气管道相关标准的管理、体系、技术水平和应用等多个方面也正在与国际先进水平接轨，包括主导国际标准制定、推动与国外先进标准化组织的交流与合作以及实现我国标准在国际上的转化和应用，极大地提升了我国标准的话语权。油气管道领域主要依托中亚油气管道、中俄油气管道、中缅油气管道等海外重大工程，推动我国标准在乌兹别克斯坦、哈萨克斯坦、塔吉克斯坦、吉尔吉斯斯坦、俄罗斯、缅甸等"一带一路"沿线国家落地。通过标准"走出去"推动我国的产品、装备、技术、服务"走出去"，促进经贸互联互通和实现贸易便利化，突破贸易技术壁垒，提高我国企业在国际上的话语权和竞争力。

本书作为"油气管道标准境外适用性研究丛书"的总论，对油气管道领域境外适用性研究系列成果做了系统性介绍和全方位解读[1]，旨在探索出一套以"标准体系建设为关键核心、标准信息化为基础保障、标准比对为提升工具、标准评估为有力抓手、标准国际化为重要目标"的五位一体的标准"走出去"技术体系，同时分析了油气管道标准海外应用实践，为我国油气管道标准被国际转化或应用提供强有力的技术支撑。

本书是国家重点研发计划"国家质量基础的共性技术研究与应用"专项"中国

---

[1] 本书中涉及的国内外标准有效性及统计数据截止时间为 2020 年 12 月（项目完成时间）。

标准走出去适用性技术研究（二期）"（项目编号：2017YFF0209500）中课题"重大装备标准走出去适用性技术研究"（课题编号：2017YFF0209503）的子课题"我国油气管道标准走出去适用性技术研究"（子课题编号：2017YFF0209503-05）的系列成果之一。

感谢在本书编写过程中有关领导的关心和支持，感谢专家对本书内容的审阅并提出宝贵意见。在本书编写过程中参考了同领域部分专家、学者的著作和研究成果，在此一并表示衷心的感谢。

由于本书涉及技术领域广泛，相关资料来源有限，加之著者的水平有限，书中难免有疏漏和错误之处，恳请专家和读者批评指正。

本书编委会
2021 年 1 月

>>> **目 录**

第一章 概　论

第一节　背景与意义

近年来，我国越来越重视标准化工作，从实施标准化战略，到《深化标准化工作改革方案》的发布，再到新修订的《中华人民共和国标准化法》（2017年修订版）的实施，标准化在助推我国高质量发展转型过程中的基础性、战略性和引领性作用日益凸显。

一、标准化发展的趋势

标准化是现代国家治理体系的重要组成部分。习近平总书记在致第39届国际标准化组织大会的贺信中指出："中国将积极实施标准化战略，以标准助力创新发展、协调发展、绿色发展、开放发展、共享发展。我们愿同世界各国一道，深化标准合作，加强交流互鉴，共同完善国际标准体系。"

标准化在保障产品质量安全、促进产业转型升级和经济提质增效、服务外交外贸等方面正起着越来越重要的作用。近年来，我国经济社会的快速发展对标准体系和标准化管理体制提出了更高要求。实施标准化战略，更好地发挥其在全面深化改革、推进国家治理现代化中的作用，有助于经济持续健康发展和社会全面进步。全面实施标准化战略，就是以标准共建共享和互联互通，支撑和推动科技创新、制度创新、产业创新和管理创新，加快促进技术专利化、专利标准化、标准产业化，不断夯实创新发展的基础。

贯彻开放发展理念，以标准化推动产品、装备、技术、服务"走出去"。标准促进世界互联互通，有利于经济全球化发展。积极推动与"一带一路"沿线国家和主要贸易国的标准化合作，共同制定优势领域国际标准；加强与主要贸易国（地区）标准互认，推动中国标准"走出去"。

二、标准化发展面临的机遇

2015年3月，国务院发布了《深化标准化工作改革方案》（国发〔2015〕13号），提出通过建立高效权威的标准化统筹协调机制，整合精简强制性标准，优化完善推荐性标准，培育发展团体标准，放开搞活企业标准，提高标准国际化水平等改革措施，将政府单一供给的现行标准体系，转变为由政府主导制定的标准和市场自主制定的标准共同构成的新型标准体系。同时推进《中华人民共和国标准化法》修订工作，于2017年2月通过了新修订的《中华人民共和国标准化法》，我国标准化改革重点朝着协调、多元、开放和创新方向发展。

2017年12月25日，国家标准委发布了《标准联通共建"一带一路"行动计划（2018—2020年）》（以下简称《行动计划》），部署了九大重点任务：一是对接战略规划，凝聚标准联通共建"一带一路"国际共识；二是深化基础设施标准化合作，支撑设施联通网络建设；三是推进国际产能和装备制造标准化合作，推动实体经济更好更快发展；四是拓展对外贸易标准化合作，推动对外贸易发展；五是加强节能环保标准化合作，服务绿色"一带一路"建设；六是推动人文领域标准化合作，促进文明交流互鉴；七是强化健康服务领域标准化合作，增进民心相通；八是开展金融领域标准化合作，服务构建稳定公平的国际金融体系；九是加强海洋领域标准化合作，助力畅通21世纪海上丝绸之路。

《行动计划》聚焦重点领域、重点国家、重要平台和重要基础，统筹全国标准化资源，充分发挥企业、行业和地方作用，集中开展国家间标准互换互认行动、中国标准国际影响力提升行动、重点消费品对标行动、海外标准化示范推广行动、中国标准外文版翻译行动、标准信息服务能力提升行动、企业标准国际化能力提升行动、标准国际化创新服务行动和标准化助推国际减贫扶贫共享九个专项行动。

《行动计划》确定了三年的发展目标，即通过三年的努力，争取实现：标准化开放合作不断深化，基本实现全面建成与"一带一路"沿线重点国家畅通的标准化合作机制；标准"走出去"步伐更加坚实，推动成立一批国际标准化组织新技术机构，新发布一批互认标准，打造一批海外标准化示范项目，实施一批援外标准化合作项目；标准互认领域不断扩大，共同制定国际标准不少于100项，翻译制定中国标准外文版不少于1000项，开展重点标准关键技术指标分析达到2000项；中国标准品牌效应明显提升，打造一批具有国际影响力的中国标准，加速中国标准海外应用。

2019年，国家市场监管总局印发《贯彻实施〈深化标准化工作改革方案〉重点任务分工（2019—2020 年）》，要求建立协同、权威的强制性国家标准管理体制，形成协调配套、简化高效的推荐性标准管理体制，提高标准国际化水平等，推动中国标准走向国际。

三、油气管道标准化发展的趋势

油气管道是连接油气资源与市场的重要桥梁和纽带，标准化水平的高低在一定程度上代表着管道运行水平的高低。从我国第一条管道"克拉玛依—独山子原油管道"，到支撑大庆油田原油外输的"大庆—铁岭原油管道"，主要是依据苏联标准。随着 1978 年中美建交，我国开始开放地向西方学习。随着我国管道工业的发展，逐步建立了具有中国特色的油气管道标准体系。

2000 年，国务院批准了西气东输管道工程，我国管道工业进入了快速发展时期，以原中国石油管道公司等为代表的管道企业大力发展管道标准化，逐步建立了以"标准体系建设为关键核心、标准信息化为基础保障、标准比对为提升工具、标准评估为有力抓手、标准国际化为重要目标"五位一体的具有中国特色的油气管道标准技术体系。同时，随着中亚、中缅、中俄跨国管道的立项，我国油气管道标准"走出去"成为管道工业发展的必经之路，油气管道标准境外应用及其研究呼之欲出。

截至 2020 年年底，在 NQI 项目资助下，我国已经累计实现了 16 项油气管道标准在中亚、俄罗斯等国家和地区落地应用，并制定发布了以 ISO 19345 为代表的油气管道领域三项国际标准，我国的油气管道标准成果显著。

第二节　标准境外适用性

一、标准境外适用性的提出

在跨国管道建设和运行过程中，中外双方面临的棘手问题之一就是标准选用问题。在管道设计、施工和运行的每一个环节，需要确定选择何种标准可以最大限度降低设备、设施和人员成本，同时尽可能保障项目的工期可控。目前在我国跨国管道建设中，由于其他国家对中国标准缺乏了解和认知，在很多管道工程中，如何说服对方更多地采用中国标准，尽可能保障双方的共同利益成为重要的课题。中国已构建了具有自主知识产权的油气管道标准体系，这些标准保障了中国十几万千米管道的高水平建设和运行，如何通过合理的适用性分析，证明其可以很好地在中国海外和跨国管道建设和运行过程中应用是至关重要的。因此，标准境外适用性的概念应运而生。

二、标准境外适用性的内涵

标准境外适用性是针对特定的中国标准而言，指其在中国境外使用的适用性。这里的中国标准指的是中国标准化管理机构、行业协会或企业制定发布的国内标准，可以是国家标准、行业标准、团体标准[1]和企业标准。适用性分析是指根据标准境外应用环境，综合分析标准的技术内容，同时根据境外应用的风险、要求和影响，评价标准境外应用的可行性，最后根据预期产生的作用和效果，提出适宜的标准境外应用模式。

三、标准境外适用性分析的作用

按照评价的时间节点分析，境外适用性的分析是标准"走出去"的预评价。境外适用性的分析可以确定哪些国内标准可以作为"走出去"的候选标准，这些标准适合走到哪些国家，可以尝试采用什么路径"走出去"。境外适用性分析可以解决企业或者行业标准"走出去"预评价或者预分析的问题，客观地为中国标准在境外应用指引方向。

为了建立起科学实用的中国标准境外适用性的理论实践体系，我们在油气管道领域做了系统的研究和实践，建立了油气管道标准境外适用性理论和评价方法，并应用其推进我国油气管道相关标准在中亚、俄罗斯转化应用。

第三节　总体思路

推进标准境外落地不是简单地选择标准，不是以"碰运气"的方式去推动标准在国外落地，而是需要谋定而后动。油气管道领域从 2017 年起构建了"标准体系建设为关键核心、标准信息化为基础保障、标准比对为提升工具、标准评估为有力

---

[1] 本书相关研究不涉及团体标准。

抓手、标准国际化为重要目标"的五位一体的油气管道标准技术体系，建立了油气管道标准适用性评价理论，并在俄罗斯、中亚等国家和地区进行了实践验证。

一、标准体系建设为关键核心

标准境外应用的主体是标准，能够有效地在境外应用的标准应是我国具有自主知识产权并具有核心竞争力的标准。要想培育出这样的标准，没有先进、科学的标准体系，是非常困难的。具有完备的标准体系才能使优势标准脱颖而出，在境外落地并发挥作用，系统的标准体系才有可能推动标准整体"走出去"，提升我国相关领域的话语权。

油气管道领域应用综合标准化思想开展顶层设计，采用本体理论对油气管道标准化对象及要素进行提取、梳理，同时对标准之间的关系进行优化组合，在此基础上构建了包括运行原则、管道线路等若干个专业、百余项标准的油气管道标准一体化架构，充分开展了对标优化和经验总结，建立了全面覆盖油气管道业务及全生命周期的一体化标准体系。该体系与国际知名管道公司标准体系建设模式接轨，涵盖了油气管道工程建设和运行管理全生命周期，这是油气管道企业标准体系建设的全新尝试。

二、标准信息化为基础保障

开展国内外标准比对，不仅要有优势的国内标准，还要准确、全面地了解境外标准的整体情况，通过信息化技术轻易获取国内外标准，建立标准技术指标专家库，促进标准比对过程简单化、自动化。

经过反复实践摸索，油气管道领域建立了集标准化管理、标准查询、标准全文在线浏览、标准技术指标检索等功能于一体的标准信息管理系统，同时实现了从计算机检索到移动检索，从文字检索到图形化检索的跨越式发展，实现了全时域、全地域标准信息的获取，为我国标准境外落地提供了系统且优质的标准信息化支撑。

三、标准比对为提升工具

推动标准在境外应用，关键是如何说服境外标准应用主体选用中国标准，因此开展中外标准的比对分析就是很关键的一步。中外标准的比对分析就是要找到中外标准的技术差异和关键指标的差异，若能找出中国标准技术指标先进之处，就非常有利于其"走出去"。

油气管道领域围绕油气管道系统全生命周期核心业务，以健全的标准比对方法为主要抓手，以 1 个"标杆库"建设作为标准比对管理的基础，以 2 个"广度与深度、专项与常态化"相结合的机制作为标准比对管理的指导思想，以"标准比对、企业实践做法对比、案例分析层面"3 个路线作为标准比对管理的主要技术方法，以"重点工程保障、安全高效运行保障、全生命周期标准协调性与技术水平提升保障、集成创新支撑保障"4 个核心业务需求作为标准比对管理的目标导向，通过"生产需求模块、标准比对输入模块、过程管理模块、输出模块、生产应用模块"5 个模块实现系统协调、规范有序的模块化标准比对以及闭环管理，创新建立了"12345"油气管道全业务全生命周期标准比对管理体系。

四、标准评估为有力抓手

建立覆盖标准立项、起草、发布、实施和监督全生命周期的标准评估机制和标准体系评价方法，是实现标准化工作闭环管理的重要抓手。通过开展不同层面的评估，具体包括跨国管道项目标准体系评估、标准境外适用性评价、标准实施效果评估等多层次的评估体系，可以进一步提高标准体系的系统性、协调性和体系内标准的有效性，从而更好地应对因标准体系不完善、标准制定或者使用不合理为跨国管道建设、运营、管理等带来的诸多挑战。

五、标准国际化为重要目标

标准境外应用的核心是实现标准国际化。标准国际化是"一带一路"倡议和"金砖"概念实现的基础保障。目前常用的标准境外应用方式包括以下 6 种：制定国际标准、采用中国标准、参考中国标准关键技术指标、成为事实标准、联合制定标准和标准互认。从难易度上讲，制定国际标准是最难的境外应用方式，但由于该方式应用最为广泛，在一定程度上也是最优的方式。推动我国的国家标准、行业标准、团体标准和企业标准被境外认可实效作用巨大、周期较短，而与其他国家联合制定当地标准也是最容易达成协议、最容易快速解决问题的方式。

油气管道领域通过标准"走出去"带动技术及服务"走出去"，形成了多层次、多国家、多路径的标准走出去适用性技术研究成果，包括：（1）实现了包括国际标准、国家标准、行业标准、团体标准和企业标准的多层次标准"走出去"；（2）实现了我国标准向俄罗斯等国家"走出去";(3)形成了制定国际标准、采用中国标准、参考中国标准关键技术指标、成为事实标准、联合制定标准和标准互认的多路径标准"走出去"模式。

第二章　国内外油气管道工业及技术概况

第一节　国外油气管道现状及发展趋势

截至 2019 年年底，全球在役管道总里程约 201.02×10^4 km，其中天然气管道约 134.72×10^4 km，约占管道总里程的 67.0%；原油管道总里程约 39.15×10^4 km，约占管道总里程的 19.5%；成品油管道总里程约 27.15×10^4 km，约占管道总里程的 13.5%。全球管道主要集中于北美地区、俄罗斯及中东地区、亚太地区、欧洲区，分别占全球总里程的 43.7%、18.7%、14.6%、11.6%。各地区的管道里程及分布见图 2-1［北美地区原油管道包括了天然气凝析液（NGL）］。

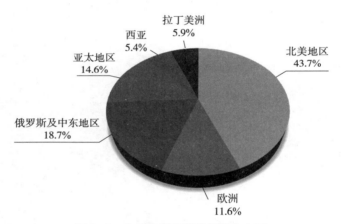

图 2-1　全球各地区管道里程分布图

一、国外原油管道建设现状

目前，世界上超过 85% 的原油运输通过管道实现，主要分布在北美、俄罗斯及中东地区，北美地区原油管道发展成熟，而俄罗斯是整个东欧地区的能源输出大国和跨国原油管网的起源国。

跨国、跨区域管道建设是保障国家能源战略安全的必要手段。原油管道不只是简单的能源输送通道，还有着非常重大的战略意义。目前，世界上先后形成了一些国际的、全国性的和地区性的大型原油管道，如：北美地区加拿大与美国、俄罗斯与欧洲和亚太地区的跨国原油管道管网连接，为资源国和消费国的原油贸易提供了战略基础，既实现了原油进出口的多元化战略布局，也稳定了原油供需，促进了原油贸易的蓬勃发展。

世界原油资源的发展、各地区消费量的增加以及区间贸易规模的不断扩大，促进了各国管道特别是跨国大口径长距离原油输送管道的大规模建设。随着世界管道工业的快速发展，管道技术水平不断提高，各种新工艺、新材料、新技术、新设备不断开发应用，各国原油管道建设均趋向于大口径、高压力、高钢级、自动化等高水平方向发展。

1. 美国原油管网概况

美国拥有非常庞大的原油管道输送网络，目前的原油干线管道里程约 11.79×10^4km，位居世界之首，其原油管道管网实现了自产原油、进口原油向炼油中心的输送。原油管道主要将得克萨斯州、俄克拉何马州和路易斯安那州等地生产的原油运至墨西哥湾、库欣和中西部市场，并将加拿大原油通过跨国管道运往美国落基山和中西部地区。美国国内原油管道分为州内管道和州际管道，州内管道由各州管理委员会管理，州际管道由联邦能源管理委员会进行经济监管，运输部管道安全办公室进行安全监督。

1865 年，美国建成世界上第一条输油管道，管道长约 8km，管径约 50mm；1943 年建成得克萨斯州至宾夕法尼亚州原油管道，管道长 2158km，管径为 600mm，是当时世界上最长的管道；1977 年建成阿拉斯加原油管道，管道长 1287km，管径 1219mm，输送能力 5600×10^4t/a，该管道管径大、输油量高，且处于高纬度寒冷地带，拥有先进的计算机控制技术，当时受到了全世界的瞩目。目前，美国原油管道建设市场较为平缓，投产管道较少，但从规划管道项目分析，未来两年美国原油管道建设将持续推进，未来规划原油管道主要为连创纪录的美国页岩油的生产服务。

2. 加拿大原油管网概况

加拿大已形成贯通东西，成熟完善的原油管道管网系统，管道总长约 4.53×10^4km。原油管道主要起自英属哥伦比亚省和阿尔伯塔省，向西延伸抵达加拿大和美国西海岸；或从阿尔伯塔和萨斯喀彻温省向东行进，供应加拿大东部地区；或向南抵达美国，向美国出口原油。密集的原油管道管网把落基山东麓的产油区与消费区连接起来，并与美国的原油管道管网相通。

北美省际原油输送管道是北美重要的原油管道，它北起加拿大的埃德蒙顿，南到美国的布法罗，贯穿了加拿大和美国，全长 2856km。加拿大恩桥公司（Enbridge）的 Lakehead 干线管道系统连接加拿大西部主要产油区和美国五大湖地区炼油厂，管道长 3057km，输油能力 6622×10^4 t/a，可实现重质原油、中质原油、轻质原油和天然气凝液共 46 个品种的顺序输送，是世界上唯一一条输送多品种原油的管道。目前，加拿大原油管道的规划与建设工程推进缓慢，TransCanada 公司由于上下游温室气体排放等环境问题被迫终止了东部能源管道（Energy East Pipeline）项目，同时，两个大型管道项目 Keystone XL 管道和 Trans Mountain 管道受审核程序制约尚未开工。

3. 俄罗斯原油管网概况

俄罗斯原油管道在世界油气管道管网中占据举足轻重的地位，俄罗斯将"能源外交"视为国际关系中的重要外交手段。截至 2019 年年底，俄罗斯原油管道里程约 5.3×10^4 km，形成了横贯俄罗斯大陆的原油输送管网，连接俄罗斯产油区与本国炼油厂及出口市场的原油管道系统，除满足本国管道输送需求，还向欧洲和亚太地区出口，依托管道实现原油市场多元化。

俄罗斯拥有发达的境内和出口原油管网，其在中国境内干线输送及向境外出口主要由国有 Transneft 公司运营（负责运营约 5.3×10^4 km 的干线原油管道），包括一系列国内管网、石油出口终端（波罗的海的普里莫尔斯克港、黑海的新罗西斯克港等），以及大量向西欧出口石油的管道（友谊管道、波罗的海管道系统、西北管道系统，田吉兹—新罗西斯克管道和巴库—新罗西斯克管道等）。Transneft 公司负责输送 85% 的俄产原油，其余部分由俄罗斯境内外一些石油公司负责。

二、国外成品油管道建设现状

截至 2019 年年底，全球在役成品油管道总里程约 27.15×10^4 km，主要分布在北美、欧洲和俄罗斯等国家和地区，管道输送已成为发达国家成品油运输的主要方式。美国成品油管道输送比例约 63%，欧洲成品油管道输送比例约 50%。发达国家的成品油管道输量大，管道输送品种多，自动化程度高，表现出相当成熟的设计、管理和技术水平。

1. 美国成品油管网概况

美国成品油管道里程约 9.5×10^4 km，具有管道输送比例高、管网布局密集、运输品种多等特点。美国成品油管道发展经历了三个阶段，即汽油管道时代（1920 年—

1940年）、成熟发展阶段（1940年—1960年）和大型化发展阶段（1960年至今）。目前，美国境内成品油管网几乎遍布美国各州，管径小至152mm，大至1067mm不等。较为典型的科洛尼尔成品油管道，可输送约118种成品油，输油能力达$1×10^8$t/a，管道长度约8000km，管径152mm～914mm，是世界上最大的商用成品油管道。

美国的成品油管道发展相对成熟，主要以管道维护和管理为主，管道运营高度市场化，大多属专业化公司管理。输送和销售业务分离，用户或销售公司在交易中心通过长期、短期和现货等多种方式从生产商处购买成品油，然后通过签订合同选择某管道作为承运商，在管道终端取得油品进行使用。管道公司不参与资源与市场的交易，仅作为运输商收取管道输送费。

2. 欧洲成品油管网概况

欧洲地区成品油管道总里程约$2.29×10^4$km，连接法国、英国、意大利、德国、荷兰、比利时、西班牙和奥地利等国，主要集中在北约成员国范围内，广泛联通炼油厂、机场、油库等，呈现跨国、跨区域的格局。

从20世纪50年代开始，欧洲各国普遍开始建设商用成品油管道，20世纪60年代中期以后建设加快，到20世纪70年代末，欧洲各国先后建设了90多条大大小小的成品油管道，实现了炼油厂与主要经济区的连接。北约管道系统在欧洲成品油管网中占据重要地位，由希腊管道系统（GRPS）、冰岛管道系统（ICPS）、北意大利管道系统（NIPS）、挪威管道系统（NOPS）、葡萄牙管道系统（POPS）、土耳其管道系统（TUPS）、大不列颠联合王国政府管道（UKGPSS）和存储系统8个国家管道系统和北欧管道系统（NEPS）、中欧管道系统（CEPS）2个跨国管道系统构成。该系统管道总里程约$1.2×10^4$km，油库总储油能力为$550×10^4$m³。管道系统将分布在北约组织成员国内的油库、空军基地、民航机场、泵站、公路及铁路装运站、炼油厂、接转油站连为一体。

欧洲成品油管道覆盖主要国家，管道发展相对成熟，以管道维护和管理为主。由于国家众多，各国的条件和基础不同，管道运营方式没有统一模式。北约管道系统内，除了两个跨国管道系统分别由管道管理机构统一管理外，其他各国的管道系统均由各国国家机构独自管理。欧洲成品油管网的管理特点是产权多国所有、跨国运输量大、监管因地制宜、多种模式并存。

3. 俄罗斯成品油管网概况

俄罗斯地域广阔，且以能源出口为导向，成品油管道分布较广，成品油管网呈现较明显的跨国特征。截至 2019 年年底，俄罗斯成品油管道总里程约 2×10^4 km，主要分布在国内人口稠密经济发达地区，俄罗斯成品油输送管网基本由隶属于 Transneft 公司的几家成品油运输公司负责，其中俄罗斯成品油运输股份公司（以下简称 Transneftproduct 公司）占比最大，目前，Transneftproduct 公司运营超过 1.91×10^4 km 的成品油管道（干线 1.54×10^4 km，支线 3700km），其中俄罗斯境内管网 1.64×10^4 km，其余部分管网主要分布在乌克兰、白俄罗斯、哈萨克斯坦等国。

国外主要国家成品油管网布局，呈现出明显的跨国、跨区域、网络化特征。各国家或地区均根据自身国情开展成品油管网建设，例如美国主要立足于国内，实现国内成品油管道对炼油厂和目标市场的联通，并大力建设支线管网，实现了较高的成品油管道输送比例；欧洲主要依托欧盟、北约等一体化背景，加大区域内各国管网系统的互联互通；俄罗斯则由于历史原因，以及与欧洲的能源供应关系，呈现出部分跨国、跨区域的布局特征。北美地区、欧洲和俄罗斯的成品油管道在设计、建设、管理等方面已相对完善和成熟，虽然受地区政治、经济、社会、法律等因素影响，呈现出与地区特定环境相匹配的发展方向和历程，但较好地满足了自身社会发展的需求。

三、国外天然气管道建设现状

截至 2019 年年底，全球在役天然气管道总里程约 134.72×10^4 km，主要分布于北美、欧洲、俄罗斯及中亚地区。

1. 美国天然气管网概况

截至 2019 年年底，美国天然气干线管道总里程约 42.47×10^4 km，其中，洲际管道约占 71%，州内管道约占 29%。美国天然气管网是一个高度集成的网络，天然气管道系统分为 11 条管廊带，其中 2 条管廊带源于落基山脉地区，流向美国西部和中西部；4 条管廊带由加拿大流向美国东北部、中西部和西部市场；5 条管廊带主要由路易斯安那州、得克萨斯州东部、墨西哥湾流向美国东南、东北部。

长期以来，美国国内天然气资源高度集中在墨西哥湾沿岸和阿拉斯加靠近北冰洋沿岸地区。在"页岩气革命"的推动下，东部地区靠近宾夕法尼亚州和西弗吉尼亚州逐渐成为美国主要的页岩气生产区，特别是该地区的马塞勒斯页岩气主产区是美国最大的页岩气产区，为了把大量生产出的页岩气运输到美国东部的液化工厂进行加工，美国近年来加快修建天然气管道速度，近 3 年的管网建设增速超过 10%。

2. 欧洲天然气管网概况

20 世纪 70 年代初，欧洲地区的天然气管道（包括配气管道）总长度达到 $41.4 \times 10^4 km$，占世界管网总长的 18.8%。20 世纪 90 年代后期，其所占比例已攀升至 24.2%。截至 2019 年年底，欧洲天然气管道干线总里程已达 $18.17 \times 10^4 km$，管网发达，自动化程度高。其中，德国是欧洲天然气管网最发达的国家，意大利是欧洲多条天然气长输管道的终点国，同时，也是欧洲 LNG 接收终端较多的国家。

欧洲天然气管网为跨国、跨区域网络化，天然气管道连接着俄罗斯、中亚五国、北海地区、北非地区，以及各国天然气消费市场。欧洲地区是目前全球最大的天然气消费区之一，但由于自身资源限制，大部分天然气消费需要进口，为更合理地规划管道系统，最大限度满足邻国之间的能源需求，提高管道利用效率，欧洲提出了主干管道互通、支线管道互联、区域管道成网的高度网络化的管道系统建设方案。目前，欧洲以天然气进口多元化为基础，开始重视拓展液化天然气（LNG）进口渠道。

3. 俄罗斯天然气管网概况

截至 2019 年年底，俄罗斯境内天然气管道总里程约 $17.52 \times 10^4 km$，主要由 Gazprom 公司运营。Gazprom 通过统一供气系统（ЕСГ）控制着俄罗斯天然气的勘探开发、储运、加工与销售等各个环节。ЕСГ 包括全长 $17.21 \times 10^4 km$ 的干线天然气管道，在役压气站 254 座，压缩机总功率达 46700MW，地下储气库 26 座，是一个集天然气生产、加工、输送和地下储存设施于一体的工业和技术综合体，覆盖俄罗斯全国，为中欧、东欧和前独联体国家提供所需的几乎全部天然气，统一供气系统的调度中心在莫斯科。近几年，Gazprom 一直积极地开发亚马尔半岛、北极大陆架、东西伯利亚以及远东等天然气区块，以拓展更多的能源输出渠道。

4. 中亚地区天然气管网概况

哈萨克斯坦共和国（以下简称哈萨克斯坦）、吉尔吉斯共和国（以下简称吉尔吉斯斯坦）、塔吉克斯坦共和国（以下简称塔吉克斯坦）、乌兹别克斯坦共和国（以下简称乌兹别克斯坦）和土库曼斯坦五个国家，合称"中亚五国"，中国与中亚五国中的四国接壤，中亚五国是我国"一带一路"重点能源合作地区。中亚天然气出口方向主要是俄罗斯（并经过俄罗斯进一步输往西欧）、中国和伊朗。该地区原油管道长度约 9700km，主要分布在哈萨克斯坦；天然气管道长度约 $3.97 \times 10^4 km$，主要分布哈萨克斯坦、乌兹别克斯坦和土库曼斯坦三个国家。目前，建设与运营同时进行的中亚天然气管道大部分在哈萨克斯坦境内修建，其中A线、B线、C线，哈境内每条线长约1300km，已全部通气运行。中国—中亚天然气管道A线、B线、C线起点均在土库曼斯坦格达伊姆市（Gedaim）。乌兹别克斯坦是从土库曼斯坦到俄罗斯和中国的天然气中转国，中国—中亚天然气管道A线、B线、C线、D线均经过乌兹别克斯坦。中亚地区油气管道建设方针是：在保证本地区国家能源利用的基础上，借助国际企业资金建设能源出口管道，开发本国油气田，扩建原有设施，以提高对外能源供应量。

四、国外油气管道建设发展趋势

经济发展作为油气资源输送的原动力，在世界不同类型的国家和地区，会以不同的方式影响管道的规划和建设。其中，中国、印度和巴西等新兴经济体国家由于消费增长迅速和管网建设不够完善，未来管道建设将向拓展资源进口通道和提高国内管网覆盖率的方向发展；美国、欧洲等传统发达经济体的消费增长速度已经开始放缓，而且他们已经拥有较为完善的油气资源配送管网，未来的管道建设主要以完善局部管网，优化输送网络为主；中东、中亚和俄罗斯等能源经济型地区和国家，则主要致力于发展能源外输管道。

地缘政治往往是决定管道建设的重要因素。里海油气资源一直是欧盟和俄罗斯能源博弈的焦点，近年来双方分别规划多条相互形成竞争的管道计划，试图把持里海地区的油气资源。但这些管道计划却少有成效。具有代表性的欧盟纳布科管道和俄罗斯南溪管道就是由于种种原因先后宣告失败。

近年来，随着世界各地对环保要求越发严格，环境问题经常会直接影响一条管道工程能否顺利进行，典型的例子就是北美的Keystone XL管道的北段工程，该管道早在2010年就通过加拿大许可，但由于冻土区环境影响和油砂开采污染等环境问题，该工程至今一直处于审批中。此外，近几年全球持续推进能源结构变革，天然气是主导能源结构变革的主要因素，天然气在一次能源消费里的占比持续走高，因此，近5年各国管道建设主要以天然气管道建设为主。

截至2019年年底，全球规划建设管道总长度 20.76×10^4 km，其中，在建新管道总长度 7.71×10^4 km，远期规划未施工管道总长度 13.05×10^4 km。按介质区分，天然气管道是全球管道建设主要增长点，原油管道建设相对平稳，而成品油因其运输方式多样化，以及全球清洁能源使用率提升的大趋势，成品油管道建设相对较少。按照区域数据统计（见图 2-2），亚太及北美地区因其经济发展迅速，管道建设将持续增长；中东及非洲地区管道增长潜力最大，但容易受到政治局势、经济环境等不利因素的影响；其他地区发展较为平稳。

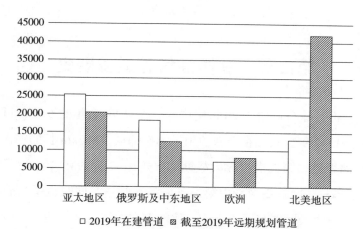

□ 2019年在建管道　☒ 截至2019年远期规划管道

图 2-2　全球主要地区在建及远期规划管道里程分布图（单位：km）

对比各地区新建、在建、规划管道所占比例，可见，规划与在建管道之间体量差距巨大。各地区发展趋势主要体现为：北美地区未来油气管道建设及规划活动保持稳定，管网的完善将有序推进；欧洲由于管网已经建设完善，提高天然气进口量是其新建管道的主要驱动力；中国和印度经济已崛起，为满足本国经济增长和环保的需求，亚太地区将是全球管道建设的集中地区；俄罗斯及中东地区管道建设受国际环境等政治因素影响较大，主要驱动力集中在满足本国能源消费和能源出口的需求。

纵观全球，管道建设成熟发达国家和地区（例如美国、俄罗斯、加拿大、欧洲等），本土管道基本完备，这些国家和地区新建管道工程主要为满足本土能源消费增量，集中建设承接境外新气源的跨国管道和增加输气量的本国管道。管道建设程度与本国经济水平不匹配地区，这些国家地区的新建管道工程主要分为两个方面，一方面进行本国基本的境内能源调配和气化提升的管道建设，另一方面逐步推进进口能源的跨国管道建设。2019 年，全球各国家和地区之间的政治博弈让部分跨国管道工程有了实质性进展，但未来推进进度未必乐观。此外，美国、澳大利亚等为满足不断增加的油气出口需求，积极建设气源地通往 LNG 液化港口的管道，但受环评和审核程序复杂、缓慢的影响，这些管道项目推进较为漫长。因此，预测未来几年，全球油气管道建设总体趋于平稳状态：跨国管道建设受国际环境影响，建设进度变数较大，能够如期建成投产的跨国管道仅为30%；本国管道建设主要取决于各国经济发展形势，受全球经济低迷和能源转型的双重影响，预计亚太地区仍将是全球除跨国管道外，进行本土管道建设的主要地区。

第二节　我国油气管道发展史

我国油气管道运输行业始于20世纪中叶，经过70余年的发展，目前已经进入国际先进行列。1942年，我国在新疆独山子油矿铺设了2.5km长的输送管道，这是我国第一条原油管道。第二次世界大战期间，美国人于1945年建设了中印输油管道，全长约3218km，这是我国境内第一条成品油管道，同时也是当时世界上最长的成品油管道。中华人民共和国成立前，我国仅在四川地区修建了少量钢质输气管道，全长约27.7km。我国油气管道从蹒跚起步发展到目前在世界上占有一席之地，其间大致经历了3个发展阶段。

（1）20世纪50年代至80年代初期的自力更生阶段

1958年，全长147.2km的克拉玛依—独山子原油管道建成，这是新中国第一条长输原油管道。为解决大庆原油外输问题，1970年，我国开始东北"八三"管道工程建设，经过5年时间完成了8条原油管道的建设和投产，形成了国内第一个原油管网，连接了抚顺、锦州、大连各炼油厂以及秦皇岛油港、大连新港。这是我国油气管道行业发展史上的重要里程碑。

中华人民共和国第一条长距离成品油管道是1976年建成投产的格尔木—拉萨成品油管道，全长1080km。1963年，我国开始修建四川巴渝输气管道，由此拉开了新中国天然气管道建设的序幕。到1979年，我国形成了南半环天然气管网。

1974年3月，辽宁省丹东市至朝鲜的中朝友谊输油管道开工，1975年12月竣工，成为我国第一条跨国管道。

1975年，我国在上海陈山码头建成了第一座$5 \times 10^4 m^3$浮顶油罐。

截至1980年年底，我国累计建设原油、成品油、天然气管道分别为6557km、1114km、2792km。

（2）20世纪80年代中期至90年代末的引进消化吸收阶段

党的十一届三中全会以来，在改革开放方针的指引下，通过引进和消化吸收国外先进科学技术和管理理念，我国油气管道建设和管理水平进入了快速提升阶段。

1986年投产的东黄复线原油管道是我国第一个中外联合设计的管道工程，也是我国首条实现密闭输送和自动化管理的长输管道。1996年，库鄯原油管道投产，这是当时国内自动化程度最高的原油管道，也是我国首条选用高强度X65钢管，采用高压力、大站间距、常温输送的长输原油管道。

1995年，全长246km的抚顺—鲅鱼圈成品油管道投产。此后，我国又建成全长291km的克拉玛依—乌鲁木齐成品油管道。

1987年，四川建成北半环天然气管道，并与此前的南半环管道相接，形成了我国第一个区域性天然气管网。1997年，陕京输气管道投产，成为我国天然气管道追赶世界先进水平的起点。

1986年，通过引进国外整套技术，我国在秦皇岛首次建造了2座$10 \times 10^4 \text{m}^3$浮顶油罐。此后，我国又在大庆建造了2座$10 \times 10^4 \text{m}^3$浮顶油罐。

截至2000年年底，我国累计建设原油、成品油、天然气管道分别为7697km、2143km、8764km。

（3）21世纪以来的自主创新、跨越发展阶段

进入21世纪，我国吹响了"西部大开发"的号角，也掀起了油气管道建设新高潮。2000年以来，我国陆续建成了"西气东输"走向的天然气管道工程，以及"北油南运"走向的原油、成品油管道工程，累计建设管道超过$10 \times 10^5 \text{km}$，基本形成横跨东西、纵贯南北、覆盖全国、联通海外的油气骨干管网布局。我国油气管道行业积极贯彻自主创新的发展战略，在工程设计、建设、运行、管理各领域突飞猛进，设施规模不断扩大，建设和运营水平大幅提升。

基础设施网络基本成型。西部、漠河—大庆、日照—仪征—长岭、宁波—上海—南京等原油管道，兰州—郑州—长沙、兰州—成都—重庆、鲁皖、西部、西南成品油管道，以及西气东输、陕京、川气东送天然气管道等一批长距离、大输油量的主干管道陆续建成，联络线和区域网络不断完善。

资源进口通道初步形成。西北方向，中哈原油管道、中亚—中国天然气管道A、B、C线建成，D线项目稳步推进。东北方向，中俄原油管道建成，中俄原油管道二线和中俄东线天然气管道工程加快推进。西南方向，中缅原油天然气管

道建成。沿海地区，原油码头设计能力满足进口接卸需要，建成大型液化天然气（LNG）接收站 13 座。

管道技术装备达到国际先进水平。管道建设中新工艺、新材料、新技术、新设备不断涌现，运营调度中监控与数据采集（SCADA）系统和现代通信技术广泛应用，管道智能化、网络化水平大幅提升。大口径、高压力管道设计施工和装备制造技术日趋成熟，高钢级管材、自动焊装备、大型压缩机组等主要材料、关键设备自主化水平不断提高。

第三节　我国油气管道建设现状及发展趋势

一、我国油气管道建设现状

近年来，为适应需求，我国油气管网规模不断扩大，管道的建设施工及管理水平得到大幅度的提升。目前，我国长输油气管道总里程位居世界第三，前两名的国家分别是美国、俄罗斯。

截至 2019 年年底，中国油气长输管道总里程已达 $14.10 \times 10^4 km$，其中天然气管道约 $8.14 \times 10^4 km$，原油管道约 $3.05 \times 10^4 km$，成品油管道约 $2.91 \times 10^4 km$，分别占比为 57.7%、21.6%、20.7%（本数据统计不包括海底管道），我国已基本形成联通海外、覆盖全国、横跨东西、纵贯南北、区域管网紧密跟进的油气骨干管网布局。国家管网集团成立之后，三大石油公司将干线管网资产剥离转入国家管网公司，主要包括 4MPa 及以上的天然气管道以及附属设施，6.4MPa 及以上的原油、成品油。预计国家管网集团将统一管理我国油气干线管网约 $9 \times 10^4 km$。

2010 年以来，我国油气能源对外依存度不断攀升，为了保障国家能源安全，中石油规划了东北、西北、西南、海上四大油气战略通道。西北通道为中哈原油管道、中亚天然气管道；西南通道为中缅油气管道；东北通道为中俄原油管道一线及二线、中俄东线天然气管道（见表 2-1）；海上通道主要是从非洲、南美、中东、澳洲通过海上运输将能源送至东部沿海一带。

随着"一带一路"倡议的持续推进，截至 2019 年年底，中国石油在"一带一路"沿线 20 个国家参与运营并管理着 50 多个油气合作项目，形成了上中下游的全产业链合作格局。其中，已建成的中亚天然气管道、中哈原油管道、中俄原油管道和中缅油气管道，是"一带一路"典范工程。目前，中石油将加快推动完善国内周边天然气通道，构建"一带一路"区域性天然气互联互通体系，带动"一带一路"范围内天然气产业大发展，为我国及"一带一路"沿线国家实现绿色低碳、安全环保和可持续发展做出贡献。

表 2-1 中国油气战略通道——跨国管道相关数据

序号	管道名称	设计输送能力	状态
1	中哈原油管道	2000×10^4t/a	投产
2	中亚天然气管道 A/B/C	550×10^8m³/a	投产
3	中亚天然气管道 D	300×10^8m³/a	在建
4	中缅天然气管道	120×10^8m³/a	投产
5	中缅原油管道	2200×10^4t/a	投产
6	中俄原油管道	2000×10^4t/a	投产
7	中俄原油管道二线	1500×10^4t/a	投产
8	中俄东线天然气管道	380×10^8m³/a	在建

目前，中石油所属的中油国际管道公司负责运营中哈原油管道、中亚天然气管道、中缅油气管道等"六气三油"管道网络，所辖油气管道总里程超过 1.1×10^4km，年油气输送能力超过 9400×10^4t 油当量。截至 2019 年年底，西北和西南两大能源通道累计向国内输油 1.58×10^8t，累计向国内供气 3218×10^8m³，拉动天然气消费在一次能源结构中的比例增长近 2%，在优化能源消费结构，推动国内天然气市场发展，落实国家战略规划、保障国家能源安全供应中发挥了重要作用。

综上所述，中国主干管网建设较为完善，脉络清晰，能源进口通道基本打通，但油气管网发展仍面临着总体规模偏小、布局结构不合理、体制机制不适应等诸多问题。

二、我国油气管道发展趋势

2017 年 5 月，国家发展和改革委员会、国家能源局发布了《中长期油气管网规划》。这是我国首次在国家层面制定系统性的油气管网发展规划。该规划对今后十年我国油气管网的发展做出了全面战略部署，明确了油气管网发展的重大意义、指导思想、基本原则、发展目标和保障措施。按照该规划，到 2025 年，全国油气管网规

模将达到 $24 \times 10^4 km$，与 2015 年相比翻一番。2018 年油气改革政策陆续实施，中国油气管网建设趋于平缓。2019 年 12 月，国资委新组建国家石油天然气管网集团有限公司，国家管网的成立是贯彻落实习近平总书记"四个革命、一个合作"能源安全新战略的重大举措，是党中央、国务院关于深化油气体制改革和油气管网运营机制改革的重大部署，在国家发展改革委、国资委等国家部委的支持指导下，国家管网从 2020 年 10 月 1 日起正式投入生产运营，中国油气管道行业发展将迎来新的机遇。

　　中国工程院院士黄维和根据《中长期油气管网规划》（以下简称《规划》），对我国油气管网发展趋势做出如下解析。

　　（1）油气进口战略通道——共筑能源丝绸之路，推动"一带一路"油气合作

　　《规划》提出，坚持通道多元、海陆并举、均衡发展，巩固和完善西北、东北、西南和海上油气进口通道。到 2025 年，基本形成"陆海并重"的通道格局。加强与沿线国家的合作，共同推动中俄原油管道二线、中俄天然气管道东线、中亚 D 线等重点项目。优化沿海 LNG 接收站布局，开展 LNG 江海联运试点。有序推进原油码头新建和改扩建工程。

　　《规划》将"一带一路"进口通道作为油气管网布局的重要内容，加强陆海内外联动、东西双向开放，促进沿线国家和地区能源互联互通，提升油气供需互补互济水平。我国自 1993 年实施油气"走出去"，经过二十多年发展，已在 5 大洲 41 个国家建立了五大油气合作区，初步构建了东北、西北、西南和海上四大油气进口战略通道，在满足国内油气资源稳定供应的同时，对"一带一路"沿线国家油气资源开发、基础设施建设和相关产业发展起到了较好的带动作用。2016 年，我国通过四大油气战略通道进口石油 3.6 亿 t，天然气 721 亿 m^3。

　　未来较长一段时间，我国经济仍将保持中高速发展水平，能源发展处于转型的关键时期，油气将在能源供应与消费中肩负更加重要的历史使命。预计到 2030 年，我国石油需求约 6 亿 t，天然气需求约 5500 亿 m^3，其中超过 60% 的石油和 40% 的天然气需要进口。从全球地缘政治和油气供需格局看，"一带一路"沿线国家和地区是我国油气进口的主体。因此，在国家"一带一路"倡议中，加强油气合作，推动油气战略通道建设，是落实"政策沟通、设施联通、贸易畅通、货币流通、民心相通"的重要组成部分，也是我国实现开放条件下能源安全的重要组成部分。应通过"资源与市场共享、通道与产业共建"，不断完善四大油气进口战略通道建设，将我国管网系统建成世界油气管网的"第三极"，以"一带一路"利益共同体构建

命运共同体。

（2）国内油气管网——保障油气供给，支撑能源生产与消费革命

《规划》明确表示，加强天然气管道基础网络建设，统筹"两个市场、两种资源"、管道和海运"两种方式"，坚持"西气东输、北气南下、海气登陆"原则，加快建设西气东输三线、陕京四线、川气东送二线等主干管道，逐步形成"主干互联、区域成网"的全国天然气基础网络。完善原油管道布局，形成西北与西南相连、东北与华北华东贯通、沿海向内陆适当延伸的"东西半环、海油登陆"的格局。优化成品油管道网络结构，以主干管道和炼化基地为中心，建设周边辐射、广泛覆盖的区域性成品油支线管道，基本形成"北油南运、沿海内送"的成品油运输格局。

近年来，我国油气消费迅速增长，管网建设蓬勃发展。2004年，西气东输管道的建成标志着我国油气管道建设进入快速发展期。陆续建成了西气东输、陕京管道系统、川气东送、甬沪宁、兰郑长等一批长距离、大输油量主干管道，2016年油气主干管道总里程达到11万km。西二线、西三线建成投产标志着我国管道总体技术水平达到了国际先进水平。原油、成品油、天然气三大管网初具规模，形成了"北油南运""西油东运""西气东输""海气登陆"的供应格局，基本满足了社会经济发展对油气供给的需求。

我国正在推动能源生产与消费革命，加速能源转型进程，发展可再生能源，扩大天然气利用规模，逐步建立以非化石能源为主体的现代能源体系。在这一过程中，我国油气消费总体规模仍将保持快速增长，油气在能源中的地位逐步提高，在一次能源中的占比将从24%增加到约30%。油气管网是保障油气供应的主要基础设施，是实现能源生产与消费革命的重要支撑。今后10～15年，仍将是我国油气管道建设的高峰期。预计到2030年，我国油气管道总里程将达到25万km～30万km，基本建成现代油气管网体系。

我国油气管网在总体规模、布局结构、路由通道、体制机制等方面仍存在一些问题。国家层面，应以扩大设施规模、完善管网布局、统筹管网路由、加强衔接互联、推进公平开放为重点，大力发展天然气管网，优化完善原油、成品油管道；企业层面，应以工程创新、工程管理、工程技术、装备国产化、安全环保管理、跨国经营管理六大体系建设为主要任务，提高管道建设能力和管网系统运行智能化水平。

（3）油气储备调峰——保障油气安全，构建多层次储备体系

《规划》明确表示，加快天然气储气调峰设施建设，逐步建立以地下储气库和 LNG 储气设施为主、气田为辅的应急调峰设施系统，到 2025 年，实现地下储气库工作气量超过 300 亿 m^3。加强原油储备能力建设，加快国家石油储备基地建设，将完善政府储备、企业社会责任储备和企业生产经营库存有机结合，建立互为补充的石油储备体系。

我国油气储备及应急调峰体系已初步建立，但总体规模偏小。我国目前主要有舟山、舟山扩建、镇海、大连、黄岛、独山子、兰州、天津及黄岛 9 个国家战略石油储备基地。我国目前的储备量仅为国际能源机构要求储量的一半；截至 2020 年底，我国地下储气库工作气量 149 亿 m^3，占 2020 年天然气消费量的 4.57%。相对于石油储备规模超过 90 天消费量、天然气地下储气库工作气量占消费量 10%～15% 的国际水平，我国油气储备规模仍然较小，需加快油气储备设施建设，以确保供应安全、运营稳定。

我国油气储备与应急体系建设应结合自身建库资源条件、油气消费特征、管网布局结构，构建责权明确、多方共同承担、多种方式互补的油气储备体系。其中，石油储备以地下水封洞为主，地面储罐储存为辅；天然气储备以地下储气库和 LNG 储罐为主，气田为辅。

（4）能源互联网——推动油气与可再生能源融合发展，构建能源产业发展新模式

《规划》提出，提升科技支撑能力，加强"互联网+"、大数据、云计算等先进技术与油气管网的创新融合，加强油气管网与信息基础设施建设的配合衔接，促进"源—网—荷—储"协调发展、集成互补。完善信息共享平台，推动互联互通、统筹调度。

目前，我国油气领域已建成了由数十个子系统组成的油气生产和供给信息化系统，实现了全产业链生产监控和运营管理。其中，油气管网通过 SCADA 系统实现自动控制、数据采集与传输，并建成多种业务管理与优化系统，实现油气"产运储销贸"一体化。

能源互联网是未来能源发展的趋势，将构建新型能源供需架构，重塑能源发展的未来。我国油气管网发展应顺应世界能源发展的大势，融入能源互联网发展，加快油气互联网布局。一是油气管网应融入能源互联网发展。未来较长一段时期，化石能源仍是我国能源利用的主体，油气是能源互联网中可再生能源消纳、智慧能源

建设的重要参与者。因此，我国能源互联网建设应促进化石能源与可再生能源的融合，构建横向多能互补、纵向优化配置的能源产业发展新模式。二是加快油气互联网布局。油气领域能源互联网的建设，将实现油气行业能量流和信息流的重构，管理模式和运营机制的重塑。应加快建立油气产业链数据共享机制，通过建设油气价值链优化系统和电子销售与交易系统，逐步形成以智能的油气优化配置、开放的油气交易、高效的能源服务为特征的油气工业互联网架构。在国家"五位一体"总体布局和"四个全面"发展战略引领下，构建布局合理、覆盖广泛、外通内畅、安全高效的油气管网系统，为建设现代能源体系、促进经济社会低碳绿色发展，实现"两个一百年"奋斗目标提供基础保障。

第四节　油气管道技术现状及发展趋势

全球油气管道新技术研发活动持续发展，国外油气管道领域新技术主要基于管道安全、智能、经济以及环保四个方面开展研究。我国目前油气管道领域的研发能力与水平基本与国外同步，在某些领域甚至赶超国外。油气管道技术发展仍然集中在设计与施工、材料与装备、输送与储存、运行与维护、智能管道等方向。

（1）设计与施工

施工设计领域研究热点主要包括特殊地形管道施工、焊接工艺技术、施工过程中管道本体保护等。2019 年，基于中俄东线工程，中石油在管道勘察选线、穿越、焊接、铺管作业等方面取得重大突破；中海油基本实现海底管道铺设相关技术装备（铺管船、管道挖沟船等）自主化。未来该领域主要围绕复杂管网、区域性管网设计、复杂地质条件下长距离山体定向钻穿越设计与施工以及复合材料增强管线钢管施工技术、焊接材料等方面开展研究。

（2）材料与装备

材料与装备领域目前研究热点包括管道用管的多样化（非金属管以及复合材料增强管线钢管），燃气轮机动力涡轮、输油管道强制密封阀等用于大型设备性能提升的相关配件研发。未来主要在氢气储运用管材、高钢级（X100、X120）管线钢以及特殊环境用管材的开发以及应用方面开展研究，我国还将重点关注焊接材料、干气密封磁力往复增压泵、燃气轮机动力涡轮等装备以及 GIS 平台、天然气管网运行在线仿真系统等软件的国产化等。

（3）输送与储存

油气输送与储存工艺技术领域主要包括易凝高黏原油管道输送技术、油气管网仿真与优化技术以及成品油顺序输送技术等。通过多年的科研攻关，目前国内已经成功研制了多项易凝高黏原油管道输送技术，并处于国际领先水平，然而在管网在线仿真优化、油品界面检测与跟踪、油品质量衰减规律等方面与国外仍存在一定差距。

未来该领域发展趋势：在原油管道输送方面，伴随我国油气管网的发展，原油管道输送技术正面临新的难题和挑战，随着管输油源的多元化，国外轻质含蜡原油与高黏原油掺稀原油将逐渐成为今后原油管道输送的重点，如何实现这类管道的沉积预测，制定合理的清管策略，避免卡球堵管事故发生，形成合理有效的沉积预警技术是今后国内急需开展科研攻关的难题；在天然气管网优化运行方面，借助仿真、优化算法等手段，开展管网稳态和区域管网指定时段运行优化技术研究，实现工艺运行方案预测、预判，甚至预调，达到管网全局全时段的智能优化调控；在成品油顺序输送方面：油品质量控制是顺序输送成品油管道的重要环节，今后将重点开展成品油检测与跟踪技术研究，掌握油品质量衰减规律，监控油品质量，并对油品物性开展实时分析，实现多品种多批次油品顺序输送。另外混氢、水煤浆输送也将成为我国研发热点。

（4）运行与维护

运行与维护主要包括腐蚀与防护、完整性管理、检测与评价、安全监测以及维护抢修等。检测与评价技术研究热点包括研发内检测器（内检测精度提升）、完整性管理平台开发，以及研发成像设备和评价软件的升级等。安全监测技术领域研发热点包括智能巡检机器人、光纤监测系统、管道远程监测器、管道安全监测系统等。未来运行维护技术攻关包括：开展管道焊缝裂纹缺陷、高钢级管道环焊缝的失效机理、管道应力在线检测技术与装备研究，提升焊缝缺陷的检测评价水平；开展特殊地形山地油气管道的内外检测技术研究，保障特殊地段管道安全运行；建立智能识别、智能感知、智能监控技术体系，提高油气管道的安全监控能力，推动管网系统可靠性及智慧管网的建设。

（5）智能管道

随着大数据、云计算、5G技术以及人工智能的迅速发展，智能管道建设围绕油气管道设计、施工、运行等各个环节稳步推进，目前及今后的研究热点仍然是围绕智能感知、数字孪生以及数据分析、认知智能等方面展开，最终实现能够对现有状态进行全面智能感知和自主分析计算，同时具备对各类生产需求和异常事件进行自主决策和处置的能力。

　　未来随着油气管道技术的发展，新材料、新技术、新工艺、新装备的研发应用，国产化油气管道装备的进一步改进和应用，完整性管理技术的不断创新，人工智能将为油气管道各领域技术提供新的解决方案，油气管道行业将向着更安全、更可靠、更高效的方向迈进。

第三章　国内外油气管道法律法规及标准概况

第一节　国外油气管道法律法规及标准体系现状

一、ISO 油气管道标准

在 ISO 技术委员会中，与油气管道密切相关的是 ISO/TC 67，全称为"国际标准化组织石油石化设备材料与海上结构标准化技术委员会"，美国石油学会（API）负责承担 ISO/TC67 秘书处工作。专业范围包括：石油、石化和天然气工业范围内的钻井、采油、管道运输、液态和气态烃类的加工处理用设备材料以及海上结构。

TC67 下设管理与执行委员会（EC/MC）、分技术委员会（SC）和工作组（WG）。TC67 下设的 SC1、SC2 分技术委员会与管道领域密切相关。TC67/SC1 为管线管技术委员会，主要管理 ISO 3183《石油和天然气工业——管道运输系统用钢管》等标准。TC67/SC2 为管道输送系统技术委员会，主要管理 ISO 13623《石油和天然气工业——管道输送系统》、ISO 13847《石油和天然气工业——管道输送系统——管道的焊接》和 ISO 14313《石油和天然气工业——管道输送系统——管道阀门》等标准。

二、美国油气管道法规与标准

1. 美国管道法规与标准概况

美国管道业的标准体系包括自愿性标准和政府标准法规，两部分各成体系，即自愿性标准体系和强制性技术法规体系。美国强制性技术法规体系是由管理机构严密控制的，美国法规制定监管机构见图 3-1。其主要的法规包括美国《管道安全法》和《美国联邦宪章》（CFR 49 190—198）。技术法规与标准的不同之处在于：技术法规为强制执行文件，由政府机构批准。而标准是非强制文件，由公认机构批准，但标准一旦被技术法规所引用，则具有法律效力。两者的相同之处在于都是针对产品特性或其加工和生产方法提出的要求，但技术法规规定的是涉及国家安全、防止欺诈行为、保护人身健康和安全、保护生态环境、保护产品质量等方面的基本要求，一般都为定性要求，而具体的量化技术要求则由标准规定。

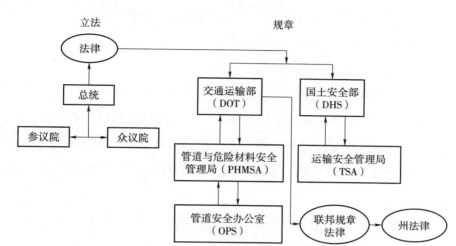

图 3-1　美国油气管道法规及制定监管机构

（1）美国管道法规体系

美国的法规体系由法律（Law）、法规（Rule/Regulation）、行政指导（Bulletin/Information/Notice）、指令（Guide）等组成，相关的政令或文件包括免除令、澄清函、简讯、公告、规范修改提案、联邦公告。首先，由议会进行立法，如《管道安全法》《管道安全再授权法》《石油污染法》等。美国交通运输部下设管道安全办公室，具体负责贯彻管道安全相关的法律、法规，开展配套的各种规程的编制工作。管道安全监察规程分为美国政府管道安全监察规程和联邦管道安全规程，前者着重处理管道管理中的重大问题，如环境安全问题、检测以及风险评估问题等，后者主要是针对修复管道的规定。由于美国是联邦制国家，除全国性的技术法规外，每个州都有自己的技术法规。全国性的技术法规，由美国政府机构根据国会在法律中赋予的行政职责范围分别制定，由国会的相关专业委员会和国家管理与预算办公室（OMB）统一协调，然后由相应的政府机构或部门颁布实施。

美国的长输管道法规系统为：

① USC49601 管道安全法；

② HR3609 管道安全改进法；

③ USC490501 联邦危险品法；

④美国联邦规章第 49 篇——运输；

⑤第 191 部分：天然气和其他气体的管道运输年度报告、事故报告以及相关安

全条件报告；

⑥第 192 部分：天然气和其他气体的管道运输的联邦最低标准；

⑦第 194 部分：陆上石油管道应急方案；

⑧第 195 部分：危险液体管道运输。

（2）美国管道标准体系

美国标准体系大致由联邦政府标准体系和非联邦政府标准体系构成，按照自愿性标准体系基本划分为：国家标准、协会标准和企业标准 3 个层次。自愿性标准可自愿参加制定，自愿采用，标准本身不具有强制性，类似于我国的推荐性标准。

①国家标准：由政府委托民间组织美国国家标准协会（ANSI）组织协调，由其认可的标准制定组织、行业协会和委员会制定的标准。

②协会标准：由各种协（学）会组织，所有感兴趣的生产者、用户、消费者以及政府和学术界的代表参加，通过协商程序而制定出来的标准。典型代表为 ASME、API 等行业协会制定的标准。

③企业标准：企业按照本身需要制定的标准。

在长输管道方面，美国形成了一整套基于管道设计、材料、制造、安装、检验、使用、维修、改造以及应急救援等方面的标准体系，这套标准体系主要由 ANSI、ASME、API、NACE 和 ASTM 等组织制定。此外，美国管道监管机构标准管理机制呈现出以下特点：

①政府授权民间机构主导的管理体制。

a）政府授权并委托标准化协会或标准化学会统一管理，协调标准化事务，政府负责监督和财务扶持。如 ANSI 是非营利性民间组织，它是美国自愿标准体系协调中心，负责协调和推动国内标准化活动，代表美国参加国际标准化活动。

b）标准化协会或学会在标准起草、审查、批准、发布、出版、发行以及信息服务方面有充分的自主权，形成了严格高效的工作程序和管理模式，体现了国家标准制定过程中的广泛参与原则、协调一致原则和透明性原则。

c）国家标准研究工作和标准起草工作一般委托行业协会、学会等民间团体或研究机构负责。ANSI 根据委任团体法和征求意见法，从各专业团体制定发布的标准中将对全国有重大意义的标准经审核后提升为国家标准，并冠以 ANSI 代号。

d）政府给以政策指导和经费扶持。

②标准制定的市场化原则。

美国标准制定遵循市场化原则，基本形成了政府监督、授权机构负责、专业机构起草、全社会征求意见的标准化工作运行机制。这种运行机制可最大限度地满足政府、制造商、用户等各方的利益和要求，从而提高标准制定的效率，保障标准制定的公正性、透明度。

③标准服务信息化。

美国建立了现代化的标准服务体系，其特点是：

a）利用高技术和现代传媒开设网站使标准信息能够及时、准确、有效地传播给标准用户。

b）标准化服务信息量大、公开透明，包括标准制定、修订、标准文本及其电子版销售。

c）标准的编制出版、发行培训、咨询和服务一体化实行全方位、系统化的服务。

④完善的标准实施保障体系。

美国拥有完善的标准实施保障体系，法律体系、市场准入、合格评定三个环节相互衔接配套。

⑤财政支持与标准化经费来源多元化。

虽然标准化是公益事业，享受政府财政支持，但在标准化工作中已引入了市场机制，充分体现了谁投资谁受益的原则。

2. 美国主要标准化机构概况

（1）美国国家标准协会（ANSI）

ANSI 成立于 1918 年。当时，美国的许多企业和专业技术团体，已开始了标准化工作，但因彼此间没有协调，存在不少矛盾和问题。为了进一步提高效率，数百个科技学会、协会和团体组织，均认为有必要成立一个专门的标准化机构，并制定统一的通用标准。1918 年，美国材料与试验协会（ASTM）、美国机械工程师协会（ASME）、美国矿业与冶金工程师协会（ASMME）、美国土木工程师协会（ASCE）、美国电气工程师协会（AIEE）等组织，共同成立了美国工程标准委员会（AESC）。美国商务部、陆军部、海军部也参与了该委员会的筹备工作。1928 年，美国工程标准委员会改组为美国标准协会（ASA）。为致力于国际标准化事业和消费品方面的标准化，1966 年 8 月，又改组为美利坚合众国标准学会（USASI），1969 年 10 月

6日改称美国国家标准协会（ANSI）。ANSI 现有工业学、协会等团体会员约 200 个，公司（企业）会员约 1400 个。ANSI 下设 4 个委员会，分别是：学术委员会、董事会、成员议会和秘书处。美国标准协会下设电工、建筑、日用品、制图、材料试验等各种技术委员会。

ANSI 的标准，绝大多数为各专业标准，主要采取以下 3 种方式制定：

①由有关单位负责草拟，邀请专家或专业团体投票，将结果报送给 ANSI 设立的标准评审会审议批准。此方法称为投票调查法。

②由 ANSI 的技术委员会和其他机构组织的委员会的代表拟定标准草案，全体委员投票表决，最后由标准评审会审核标准。此方法称之为委员会法。

③从各专业学会、协会团体制定的标准中，将其较成熟的，而且对于全国普遍具有重要意义的，经 ANSI 各技术委员会审核后，提升为国家标准并冠以 ANSI 标准代号及分类号，但同时保留原标准代号。

目前，经 ANSI 认可的标准制定机构有 180 多个，制定的标准总数有 3.7 万项，占非政府标准的 75%，其中小部分经 ANSI 批准成为国家标准。

（2）美国石油学会（API）

API 是代表整个石油行业勘探开发、储运、炼油与销售的主要的国家同行业协会组织，是个非营利机构。API 勘探开发部下设的油田设备和材料标准化执行委员会是一个专业标准化组织，旨在通过促进油田设备和材料广泛的安全性和互换性，满足国内和全球油气勘探开发工业的需要。API 总部设在美国华盛顿，在 33 个州设有石油理事会，它以适当合法的方式为石油天然气工业所有企业追求优先公用的方针目标和该行业整体效益提供了标准化论坛。

通过 API，各成员公司可以调整资源和获得有效的工作成本之间关系。如果行业中有了新型技术，一旦经企业自己提出，就可以看出 API 强有力的执行能力。API 已经制定了大约 500 项用于全世界的设备和操作标准，这些标准是石油行业从钻井设备到环境保护等一系列专业中总结出的集体智慧的结晶。美国联邦政府及国家法律和法规长期引用 API 标准，而且越来越积极地被国际标准化组织 ISO 所采用。

（3）美国机械工程师协会（ASME）

ASME 是一个在世界范围内致力于技术、教育和研究的机械工程师协会。它成立于 1880 年，是一个非营利组织。现在 ASME 已经拥有 127000 多会员，它是世界上成立的第一个为促进机械工程技术科学与生产实践发展的协会。协会的主要工作是为提高机械行业产品的质量开展相关的活动，促进机械工程的快速发展，引导学科的发展方向。ASME 同时也作为美国各州、联邦政府的技术参谋，向联邦和州政府提出有关机械工程技术政策方面的建议。ASME 建立有世界范围内的服务网络，向会员提供优惠的学术专业、技术培训等活动，向广大公众、学生宣传机械工程方面的知识，传播相关的信息，鼓励更多的人选择工程师这一职业，投身到机械行业的发展中来。

（4）美国材料与试验协会（ASTM）

ASTM 成立于 1898 年。ASTM 前身是国际材料试验协会（IATM）。其主要任务是制定材料、产品、系统和服务等领域的特性和性能标准，试验方法和程序标准。ASTM 是美国最大的非营利性的标准学术团体之一。经过一个世纪的发展，ASTM 现有 30000 多个（个人和团体）会员，140 余个技术委员会，12000 个标准用于改善产品质量、增进健康和安全、加强市场准入和贸易等。

（5）美国腐蚀工程师国际协会（NACE）

NACE 是国际腐蚀与防护领域的民间学术团体，成立于 1943 年。该协会在 1993 年正式由美国国内协会变更为国际协会。到目前为止，NACE 已有 108 个分会和 33 个学生分会，包括 3.6 万余名会员。其会员包括个人会员、企业会员和学生会员等。NACE 下设技术协调委员会（TCC），负责管理其近 70 个技术委员会。NACE 的技术委员会主要负责技术研讨会、标准制定和交流技术信息等技术活动。技术委员会下设的工作组具体开展编写技术报告及标准等工作。NACE 每年的主要技术活动有综合性年会、专题技术交流及研讨会、标准编制、人才培训及取证等。在年会上技术委员会的主要工作是举行技术研讨会，制修订 NACE 标准，发布最新技术发展动态信息、论文和手册等。NACE 目前制定的标准有 210 余项，主要针对石油、石化和海洋石油等，标准的种类和内容较为系统，标准的实用性和可操作性较强，在国内外防腐工程等领域应用广泛。

三、加拿大油气管道法规与标准

1. 加拿大管道法规与标准概况

加拿大管道法规主要包括法律、法规和法规引用标准，分为联邦法规和各省法规。加拿大联邦管道法规体系主要由运输部、能源局、人力资源部、运输安全与调查局等部门分别管辖的法律法规构成，各部门之间互不隶属，管理各异，因此加拿大管道法规体系是一个松散体系。《加拿大管道法》是加拿大管道运输系统的基本法规，省范围内的长输管道由各省管理。如阿尔伯塔省的长输管道由阿尔伯塔省能源与设施局依据阿尔伯塔省管道法进行管理，而安大略省将有关加拿大标准、美国标准、行业标准和本省自己的技术安全和管理要求共同融合在一起形成混合体。

加拿大管道的技术标准体系和美国一样由国家标准、协会标准和企业标准三个层次组成。其中协会标准主要包括加拿大标准协会（CSA）、加拿大标准理事会（SCC）等机构出版的标准。涉及的主要标准有：CSA Z662《油气管线系统》、CSA Z276《液化天然气的生产、储存和处理》、CSA B149.1《天然气和丙烷安装规范》、CSA 8149.2《丙烷储存和处理规范》、CSA B51《锅炉、压力容器与压力管道规范》等。

2. 加拿大主要标准机构概况

（1）加拿大标准协会（CSA）

CSA 成立于 1919 年，是加拿大首个专门制定工业标准的非营利性机构，其职能是通过产品鉴别、管理系统登记和信息产品化来发展和实施标准化。CSA 负责制定标准，为产品和服务提供检验和认证，尤其是在电气设备方面，几乎所有的电气产品均需它的认证，包括工业用设备、商业用设备和家用电器等。产品的保险通常根据 CSA 认证来进行，如果没有 CSA 认证的产品引起火灾，对于所造成的财产损失，保险公司将不予赔偿。CSA 实验室负责设备标准试验与认证。CSA 的最高权力机构是董事会，董事会成员都是自愿参加工作。标准协会的日常工作由执行总裁主持，主管标准制修订、产品认证、企业注册、行政事务和外事及财政工作。总裁领导下设立标准部、认证测试部、焊接事业局、质量管理研究所及测试实验室等机构。其中，标准部主管制修订 CSA 标准。标准部设立标准政策委员会、标准指导委员会和标准技术委员会。标准政策委员会研究标准化工作的方针政策，确定制定标准的范围。标准指导委员会负责讨论审定各类标准，经标准指导委员会批准就可以出版发行。标准指导委员会由立法机构、工业部门、消费者、制造商和有关的社团研究测试机构的代表组成。标准技术委员会负责对技术标准的具体立项、起草等相关技术工作。认证测试部负责产品质量认证和测试工作。加拿大的标准是由自愿参加 CSA 组织的人员参与制定的，涉及的面很广，如：消费者、制造者、立法机构、技术研究部门等都参加标准制定工作。

（2）加拿大标准理事会（SCC）

为了进一步加强和协调国内的标准化工作并代表加拿大参加国际标准化活动，1970 年 10 月 7 日，根据加拿大议会法令成立了全国性标准协调机构——加拿大标准理事会（SCC）。SCC 成立之初，仅仅只是一个半官方的学术性机构。随着经济的发展，人们越来越认识到标准化对于发展本国工业以及促进本国产品进入国际市场的重要性，于是现在的 SCC 已经成为加拿大政府机构中的一个重要部门，在政府事务上取代了有着 80 多年悠久历史的 CSA，代表加拿大政府参加 ISO、IEC 等国际标准化组织的活动。SCC 由一个 15 人组成的委员会领导，委员会的成员是来自工业界、非政府机构、联邦政府、省政府和地方政府的代表。历届委员会和委员均由政府批准任命，委员们的任职资格也必须经由政府审核批准任命，任期一般是 4 年，委员们的工作直接对政府或政府的工作部门负责，所有委员会成员的名片都印有加拿大国旗，以表明该机构和该成员是代表政府进行工作的。

四、欧盟油气管道法规与标准

1. 欧盟管道法规与标准概况

欧盟管道法规包括条例、指令、决定和建议。指令是欧盟管道法规颁布的主要形式，指令规定了长输管道安全运行的基本要求，而作为支持指令的技术标准则规定了具体的技术要求。欧盟逐渐形成上层为欧盟指令，下层为包含具体技术内容的标准组成的法规体系。欧盟的管道法规首先要遵守欧洲天然气长输协会（GTE）形成的共识。GTE 成立于 2000 年 7 月，在欧盟天然气市场一体化的过程中发挥着重要的作用。GTE 包含 5 个内部工作小组，业务涵盖管道运输能力与拥堵管理、各国关系协调、液化天然气、供给安全和长输费率等各个方面。这些工作小组承担着制定长输领域的行业标准，协调长输领域内部以及与其他相关领域的利益关系，管理管道的运输能力并防止其拥堵，进行行业自律等方面的工作。GTE 作为长输公司的代表，还通过一年两次的论坛，组织长输管道公司对行业有关问题进行充分的讨论，并通过与欧盟委员会及其他领域行业协会定期或不定期的会议和交流，努力反映长输公司的意见。GTE 致力于维护非歧视的和透明的市场竞争原则，消除跨境管道输送障碍，促进欧盟天然气统一市场的有效运营。

欧盟有关长输管道欧盟法令有：GPSG《设备与产品安全法》（2004 年）、GG《高压气体管道条例》、91/296/EC《关于通过管网输送天然气》。核心标准包括：

EN13480《金属工业管道》、CEN/TC 234（气体供应技术委员会）制定的系列标准。欧盟的管道技术标准主要由欧洲标准化委员会（CEN）编写出版。

2. 欧盟主要标准机构概况

欧盟负责标准化的组织是欧洲标准化委员会（CEN），它是目前世界上最重要、影响力最大的区域标准化组织，在国际标准化活动中有着非常重要的地位。为支持欧盟的技术法规，CEN 制定了约 13000 项满足技术法规基本要求的技术标准。这些 EN 标准包括有关锅炉、压力容器和工业管材料、部件（附件）、设计、制造、安装、使用和检验等诸多方面。其中 EN 13445 系列标准是压力容器方面的通用标准，由 EN 13445.1《总则》、EN 13445.2《材料》、EN 13445.3《设计》、EN 13445.4《制造》、EN 13445.5《检测和试验》、EN 13445.6《铸铁压力容器和压力容器部件设计与生产要求》等部分构成。除 EN 13445 外，另有简单压力容器通用标准 EN 286、系列基础标准 EN 764 和一些特定压力容器产品标准（如换热器、液化气体容器、低温容器、医疗用容器等）。

EN 标准属自愿性标准，由欧盟成员国将 EN 标准转化为本国标准后（如德国标准 DIN EN 13445）由企业自愿采用。若企业采用了 EN 标准，则被认为其产品满足了指令的基本安全要求，有利于产品进入欧盟市场，或在欧盟市场内流通。

五、澳大利亚油气管道法规与标准

1. 澳大利亚管道法规与标准概况

1994 年，澳大利亚联邦政府和各州（地区）政府响应管道工业提议，共同采用 AS/NZS 2885《天然气和液体石油管道》。这个标准的技术委员会也是由各州（地区）技术管理机构和管道工业的代表组成。这样，就形成了政府技术管理机构和管道工业"合作管理"压力管道安全的模式。AS/NZS 2885 标准分为 5 个部分：AS/NZS 2885-1 规定了设计建造方面的技术要求；AS/NZS 2885-2 规定了天然气与石油管道焊接规范；AS/NZS 2885-3 规定使用维护等方面的要求；AS/NZS 2885-4 规定了海底管道系统；AS/NZS 2885-5 规定了现场压力试验。

按照政府间协议，所有的长输管道建设和运营必须取得澳大利亚联邦政府许可。任何人都可以向国家竞争委员会（NCC）申请开展管道或配送管道业务，NCC 向负责经济事务的相关部委提出推荐意见，澳大利亚有关部委根据 NCC 的推荐做出决定。具体审批程序和工作时限在《国家天然气管道系统第三方开放规范》（*The*

National Third Party Access Code for Natural Gas Pipeline Systems）中做了明确规定。根据协议，澳大利亚各州（地区）负责低压配送管道网络的审批和管理。这项工作多由各州（地区）能源部门或基础设施管理部门负责。目前，澳大利亚每一个州都制定了管道建设安全方面的法律法规，其安全管理方式也不完全相同。近几年，在各方推动下，澳大利亚各州（地区）和新西兰在长输管道的管理方面都在向AS/NZS 2885 规定的方向发展。

澳大利亚将管道分为长输管道（pipeline）、配送管道（distribution pipeline）和管道系统（pipeline system），这些管道都在有关政府部门的管辖范围内。长输管道压力大于 1050kPa，温度高于 -30℃，且低于 200℃，符合澳大利亚标准 AS/NZS 2885《天然气和液体石油管道》。长输管道和配送管道均包括与管道直接相连的配件、清管设备发射与接收器、压力容器、压缩机、过滤器、分离器、与天然气管道连接的冷却器、泵和储罐等。

澳大利亚的标准制定、使用、管理有如下特点：

（1）标准制定现状。澳大利亚标准协会下设标准制定委员会和 5 个行业部门。5 个行业部门分别是建筑部、电工技术部、环境安全部和材料、健康管理部以及业务部，其任务是监督其所负责行业的政策制定工作，并向标准制定委员会汇报工作。在澳大利亚，标准不是法律文件，但如果被联邦或州法律引用，则成为强制性标准。

（2）标准的修订和维护。由于技术、知识的发展和更新日益加快，标准又是实用性文件，所以标准需要不断修订和维护。基于这个原因，澳大利亚目前对一些重要标准以及那些涉及技术变化非常快的标准，规定最多 7 年就需要修订和再版，而其他标准一般在 10 年内也需要修订。因此澳大利亚标准与新技术的发展几乎是同步的，标准的修订工作同样也可以在网上完成。

（3）标准出版。澳大利亚的大多数标准都是由标准协会组织制定并负责出版发行的，十分重视数字加工在文件生产印刷和电子分发中的重要作用。现在标准出版部已将 7000 多个文件转换成数字格式，从而大大降低了印刷、生产和贮存成本。同时还建立了一个完全一体化的"按需印刷"系统，目前大多数标准不再有文本贮存，而是在收到订单后自动印刷。澳大利亚标准协会是第一个将全套国家标准制成电子版并在网上销售的国家标准组织。

（4）标准专业服务。澳大利亚标准协会于 2000 年建立了标准专业服务部

（SPS），旨在交流协会所获的经验、知识和专业技术，利用诸如标准文件编制、文件制修订、电子出版和网络系统以及包含在 6000 个标准文件中的知识，来支持和帮助澳大利亚各机构进行知识管理。标准专业服务部在商业、管理和技术等方面提供教育培训，并与其他组织合作，举办以商业和技术等为主题的研讨会和学术会议。

（5）国际标准采纳情况。澳大利亚标准协会明确提出，只要有可能就采用国际标准，同时澳大利亚的标准不能违反 WTO 中"国家标准不能作为自由贸易的非关税壁垒"的要求，据此，澳大利亚不制定国际上已有的标准。这一政策与澳大利亚就 WTO 要求的"消除技术标准作为国际贸易壁垒而应尽"的义务相一致。目前，澳大利亚约有 35% 的标准完全与国际标准一致。

2. 澳大利亚主要标准机构概况

（1）澳大利亚联邦能源委员会

澳大利亚联邦能源委员会是澳大利亚联邦部一级机构，主要负责研究制定能源政策，为联邦一些涉及能源方面业务的管理事务机构，如 NCC，澳大利亚竞争和消费者委员会（ACCC）提供政策性指导，从经济和能源角度负责长输管道项目和部分配送管道网络建设的审核，向能源部长推荐批准长输管道项目等事项。

（2）澳大利亚管道工业协会

澳大利亚管道工业协会于 1968 年成立，当时只是为管道工业提供讨论有关问题和寻求解决方案的论坛。其成员包括管道的承建商、所有者、工程技术人员、供应商、法律与金融机构等与管道工业密切相关的单位和人员。澳大利亚管道工业协会现有团体会员 200 多个，总部在堪培拉。澳大利亚管道工业协会由执行委员会、管道建造委员会、管道安全委员会、管道运行委员会、政府和管辖机构事务委员会、研发和标准委员会 6 个业务委员会构成，执行委员会是其核心，其他委员会直接向执行委员会报告工作情况。

澳大利亚管道工业协会的主要任务是促进长输管道安全，改进长输管道项目开发、建设和运行的（政府管理）环境，代表澳大利亚的整个长输管道工业提升和保护管道工业从业人员的权益与利益，制定包括安全与环境在内的有关政策、标准和管道工业惯例，支持管道工业的研发，开展管道工业的人员培训与教育等。澳大利亚管道工业协会牵头制修订 AS/NZS 2885《天然气和液体石油管道》，并大力推动各州（地区）在其法律法规和工作规范中采纳 AS/NZS 2885，通过这种方式减少各州（地区）在压力管道技术与管理方面的差异和矛盾。澳大利亚管道工业协会还一直积极介入各州（地区）管道项目审批过程和管道立法。

（3）澳大利亚标准机构

澳大利亚标准机构（SA）的前身为澳大利亚英联邦工程标准协会，成立于1922年，1950年该机构获得英皇特许地位，改为澳大利亚标准协会（SAA），现发展为私有的澳大利亚国际标准有限公司（SAI），共有120余人，总部设在悉尼中心商业区。这个机构在澳大利亚各州（地区）均设有办事处，共有400余人。约9000名专家自愿参加标准起草制定工作，澳大利亚标准机构的收入来自标准销售。

澳大利亚作为英联邦国家，早期的标准选自国际或英语国家标准（英国、美国等）。目前，澳大利亚标准机构与新西兰标准机构保持着紧密的合作关系，双方有正式的协议，规定在合适的地点颁布联合标准。他们是"太平洋地区标准委员会"的创始成员之一，并且与亚太经济组织和东盟的标准组织保持一致。澳大利亚标准机构与新西兰标准机构联合组建各类标准化技术专业委员会，两国之间已形成AS/NZS标准体系。

澳大利亚标准协会成立于1922年，是独立的非政府性组织，作为澳大利亚最高级别的标准管理机构，代表澳大利亚参加ISO、IEC等国际标准化组织的活动，并通过公开的、协商一致的程序与各行业的相关团体一道制定标准。除制定国家标准外，澳大利亚标准协会还提供咨询、培训和合格评定等质保服务。

六、俄罗斯油气管道法规与标准

1. 俄罗斯管道法规与标准概况

（1）俄罗斯管道法规体系

早期，俄罗斯标准与国际/欧洲标准及发达国家标准相比差别较大，主要表现在标准性质和内容、标准体系构成和修订更新等方面。如国际/欧洲标准及发达国家的标准都是自愿采用，WTO/TBT协议中所指的标准也是自愿采用，但俄罗斯标准的采用具有强制性，这在很大程度上遏制了企业的自由发展。1991年苏联解体后，俄罗斯为了适应社会转型、经济接轨的需要，使标准化管理体制逐步由计划经济管理模式向市场经营管理模式转变，俄罗斯先后出台了《俄罗斯联邦标准化法》《俄罗斯联邦技术调节法》（以下简称《技术调节法》）、《全国标准化体制发展构想》等一系列法律和政策。

1993年，俄罗斯颁布的《俄罗斯联邦标准化法》标志着俄罗斯的标准化工作从此步入法制轨道。按照这一法律规定，俄罗斯标准分为 4 级，即国家标准（ГОСТ Р）、行业标准（ОСТ）、企业标准（СТП）及协会标准（СТО）。该标准化法于 2003 年 7 月被废止，但是其发布与实施为俄罗斯由强制性标准体制向自愿性标准体制过渡，实现与国际标准特别是欧洲标准的趋于一致做出了积极贡献。

针对标准体系中存在的若干问题，也为了与国际接轨，俄罗斯于 2002 年 12 月出台了《技术调节法》，以在标准化领域实施变革，彻底打破原有的标准化体系框架，建立了全新的标准化体制。截至 2008 年 7 月，《技术调节法》已经过 4 次修订。目前，该法是指导俄罗斯全国标准化工作的一项重要法律，从内容到形式都力争与国际接轨。该法对俄罗斯标准化的目的、原则、标准化文件、标准化机构、标准种类以及国家标准的制定、批准规则做出了详细的规定，完全反映了为消除贸易壁垒和提高产品竞争力所进行的变革，涉及技术法规、标准化、合格评定、试验、国家检查和监督等领域。

在《技术调节法》出台前，俄罗斯标准分为国家标准、行业标准、企业标准和协会标准。在《技术调节法》出台后，俄罗斯标准只包括全国标准和组织标准，标准的分类发生了改变。根据该法，将俄罗斯标准分为 4 种 2 级。就级别而言，分为国家标准和组织标准两级；就种类而言，分为全国标准，标准化规范，标准化领域中的规则与建议，全俄罗斯技术经济与社会信息分类标准，组织标准。

发布《技术调节法》的目的是建立两个体系，即技术法规体系和自愿性标准体系。技术法规由俄罗斯联邦法律或俄罗斯联邦政府决议予以通过。制定技术法规的主要目的是：保护人的生命或健康、自然人或法人的财产、国家或地方的财产；保护环境、动植物生命或健康；防止欺诈行为。为了消除技术性贸易壁垒并使本国商品易于出口，该法律规定技术法规首先应建立在国际和国家标准的基础之上，确定最低和必需的要求，并且不对具体细节作详尽规定。《技术调节法》规定，任何人均可成为国家标准的制定者。无论是国家机构，还是私营机构，制定标准的一个主要条件是，这些标准应该符合国际标准和技术法规的要求。

（2）俄罗斯标准体系

俄罗斯采用"标准化体系"的概念，标准化体系包括技术标准和管理标准。与俄罗斯标准化相关技术法规的发展变更，导致俄罗斯规定的标准化体系文件结构和组成较混乱。基于国际通用的标准体系架构，结合目前常用的俄罗斯标准使用现状，俄罗斯标准体系可以理解为以下结构，如图 3-2 所示。

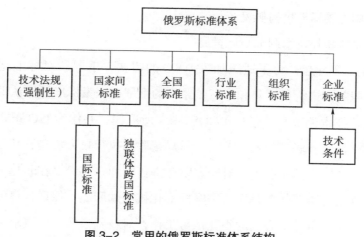

图 3-2　常用的俄罗斯标准体系结构

①技术法规：法律规定的在产品的设计、生产、经营、存储、运输、销售和应用过程中要求强制贯彻实施的技术文件。

②国家间标准：主要包括国际标准，例如 ISO 标准和 IEC 标准等国际标准；独联体跨国标准（ГОСТ）。

③全国标准（ГОСТ Р）：由俄罗斯联邦全国标准化机构批准的"规定产品特性、生产、使用、保存、转运、销售及回收利用，以及工程施工与服务提供等过程的实施规则及特性的标准"。

④行业标准（ОСТ）：由俄罗斯全国行业主管部门的标准化机构在其职权范围内批准的标准。但是在俄罗斯，行业标准属于过渡性标准，将来有可能上升为全国标准或转化为组织标准。

⑤组织标准（СТО）：为了实现标准化目的，完善生产过程和保证产品质量，实施工程及提供服务，也为了推广应用不同知识领域所获得的研究（试验）、测量及开发成果，由组织批准和采用的标准。目前已见到的组织标准有：俄罗斯铁路组织标准、俄罗斯评估师协会（РОО）组织标准、天然气工业公司组织标准等。

⑥企业标准（СТП）：由企业颁布的标准。

⑦技术条件（ТУ）：技术条件对生产产品规定了全面的要求，如，它对技术要求、安全和环境保护要求、验收规则、贮运条件、质量检验方法等方面提出了具体规定。全国标准中对具体产品规定的各项要求，正是通过技术条件加以实现的。但多年来，关于技术条件在标准体系中的地位、法律属性、标准属性和审批注册等问题，一直存在争议。

2. 俄罗斯主要标准机构概况

（1）俄罗斯联邦技术调节与计量局

从2004年8月起，为了适应加入WTO的需要，俄罗斯对标准化、认证、认可的机构和职能都进行了调整和改革，原来的俄罗斯国家标准计量认证委员会被新的俄罗斯联邦技术调节与计量局（GOST R）所取代，并作为ISO正式成员代表俄罗斯参加ISO活动。联邦技术调节与计量局是联邦执行权力机构，其职责是在技术调节和计量领域提供国家服务，对国家财产进行管理。该局设在联邦工业与动力部下面并由其管辖，主要任务是履行国家标准化机构的职能，保证计量的统一性，实施认证机构和实验室（中心）的委托认可工作，对技术条例中的要求和标准中的强制性要求的执行情况实施国家检查（监督），建立并管理技术条例、标准和统一技术规范体系的联邦信息资源，对联邦产品目录编制体系的管理工作进行组织及方法指导，组织实施对因违反技术条例要求而造成损失的案例的统计工作，为俄罗斯政府质量奖大赛和其他质量竞赛的实施提供组织和方法保障，在标准化、技术规范和计量领域提供国家服务。俄罗斯联邦技术调节与计量局组织机构由机关、设备管理局，计量监督局，技术控制和标准化局，发展、信息保障和委托认可管理局，经济、计划预算和国有资产局，国际和区域合作局，事务局以及科研所等部门组成。

（2）俄罗斯标准化、计量与合格评定科学技术信息中心

俄罗斯标准化、计量与合格评定科学技术信息中心是俄罗斯联邦技术调节与计量局批准的标准化、计量与合格评定官方正式文件的唯一授权出版机构，是组建和管理联邦技术法规与标准信息中心以及技术调节统一信息系统的牵头机构，是国内外标准文献、计量文献收藏机构，是俄罗斯联邦WTO（TBT/SPS）信息中心，其前身是全俄分类、术语和标准化与质量信息科学研究所（BH息中心）。

（3）"标准出版社"出版印刷联合体

"标准出版社"出版印刷联合体成立于1924年，是俄罗斯（以至于全独联体境内）唯一有权出版和销售相关标准化、计量和认证方面标准（建筑标准除外）、指南和条例等官方出版物的出版社。任何俄罗斯或国外企业都可以直接向"标准出版社"订购俄罗斯在标准化、计量和认证领域的现行官方文件（包括文件的所有修改内容）。

第二节　我国油气管道标准现状

一、国内油气管道法规

油气管道法规是指国家针对长输油气管道制定的法律、法律解释、行政法规、部门规章、地方性法规、地方规章以及其他规范性文件，用于规定管道在建设和运营中各方的权利义务，保障油气管网安全运行和油气资源可靠供应，如图3-3所示。

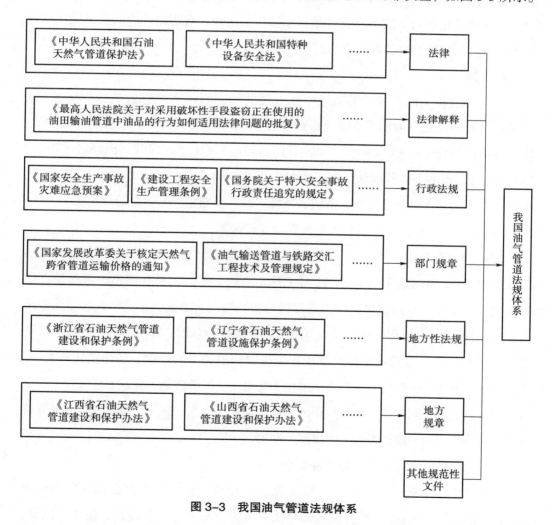

图3-3　我国油气管道法规体系

法律的级别最高，由全国人民代表大会及其常务委员会行使国家立法权，立法通过后，由国家主席签署主席令予以公布。法规包括行政法规和地方性法规，行政法规是对法律的补充，地位仅次于法律，是由国务院制定，通过后由国务院总理签署国务院令公布，行政法规的效力高于地方性法规、规章。地方性法规由各省、自治区、直辖市的人民代表大会及其常务委员会制定，一部分是法律在地方的实施细则，另一部分是具有法规属性的文件（例如决议、决定等）。规章包括国务院部门规章和地方政府规章，部门规章由国务院各部委和具有行政管理职能的直属机构制定，仅在本部门的权限范围内有效。地方性规章是由省、自治区、直辖市和较大的市的人民政府制定的，仅在本行政区域内有效。地方性法规的效力高于本级和下级地方政府规章。部门规章之间、部门规章与地方政府规章之间具有同等效力，在各自的权限范围内施行。规范性文件是指除法律、法规，规章以外的国家机关在职权范围内依法制定的具有普遍约束力的文件。

1. 法律

油气管道相关的法律主要有《中华人民共和国石油天然气管道保护法》（以下简称《石油天然气管道保护法》)、《中华人民共和国特种设备安全法》（以下简称《特种设备安全法》)、《中华人民共和国消防法》《中华人民共和国环境保护法》《中华人民共和国土地管理法》和《中华人民共和国安全生产法》等相关法，这些法律规定了油气管道安全保护、消防、环境保护、安全生产等方面的规定。

（1）《中华人民共和国石油天然气管道保护法》

2010 年 6 月 25 日，第十一届全国人大常委会第十五次会议通过了《石油天然气管道保护法》，该法于 2010 年 10 月 1 日起生效实施。这是我国第一部保护石油天然气管道设施的专门法律，标志着我国石油天然气管道安全正式纳入法律保护范畴。《石油天然气管道保护法》共六章六十一条，分为总则、管道规划与建设、管道运行中的保护、管道建设工程与其他建设工程相遇关系的处理、法律责任和附则，明确了政府及有关单位的主要职责，细化了管道安全保护措施，规定了危害管道安全行为应负的责任，同时还贯彻节约用地和环境保护等原则，在一定程度上为油气管道安全保护中所遇到的难题提供了法律解决方案。

（2）《中华人民共和国特种设备安全法》

《特种设备安全法》由第十二届全国人民代表大会常务委员会第 3 次会议于 2013 年 6 月 29 日通过。《特种设备安全法》分为总则，生产、经营、使用，检验、检测，监督管理，事故应急救援与调查处理，法律责任，附则，总共 7 章 101 条，自 2014 年 1 月 1 日起施行。《特种设备安全法》突出了特种设备生产、经营、使用单位的安全主体责任，确立了"企业是主体、政府是监管、社会是监督"的管理体制，同时将安全工作和节能工作相结合，体现了"既保障安全又注重生态和环保"的制度设计理念。本法所称的特种设备，是指对人身和财产安全有较大危险性的锅炉、压力容器（含气瓶）、压力管道、电梯、起重机械、客运索道、大型游乐设施、场（厂）内专用机动车辆，以及法律、行政法规规定适用本法的其他特种设备。另外，《特种设备目录》中详细地规定了锅炉、压力容器、压力管道、压力管道原件、安全附件等的类别，对于特种设备的划定具有指导意义。为进一步贯彻落实《特种设备安全法》在长输管道生产运行中的指导作用，加强长输管道使用管理，规范长输管道使用登记，原国家质检总局根据《特种设备安全法》制定了《长输管道使用管理办法（试行）》，保障长输管道安全运行。

2. 行政法规

行政法规主要是指由国务院制定的相关规定文件，行政法规的具体名称有条例、规定和办法。它们之间的区别是：在范围上，条例、规定适用于某一方面的行政工作，办法仅用于某一项行政工作；在内容上，条例比较全面、系统，规定则集中于某个部分，办法比条例、规定要具体得多；在名称使用上，条例仅用于法规，规定和办法在规章中也常用到。

（1）《国家安全生产事故灾难应急预案》

为规范安全生产事故灾难的应急管理和应急响应程序，及时有效地实施应急救援工作，最大程度地减少人员伤亡、财产损失，维护人民群众的生命安全和社会稳定，依据《中华人民共和国安全生产法》《国家突发公共事件总体应急预案》和《国务院关于进一步加强安全生产工作的决定》等法律法规及有关规定，我国于2006年1月22日颁布并实施了《国家安全生产事故灾难应急预案》。本预案分为总则、组织体系及相关机构职责、预警预防机制、应急响应、后期处置、保障措施、附则七个部分。本预案适用于下列安全生产事故灾难的应对工作：造成30人以上死亡（含失踪），或危及30人以上生命安全，或者100人以上中毒（重伤），或者需要紧急转移安置10万人以上，或者直接经济损失1亿元以上的特别重大安全生产事故灾难；超出省（区、市）人民政府应急处置能力，或者跨省级行政区、跨多个领域（行业和部门）的安全生产事故灾难；需要国务院安全生产委员会（以下简称国务院安委会）处置的安全生产事故灾难。

（2）《特种设备安全监察条例》

为了加强特种设备的安全监察，防止和减少事故，保障人民群众生命和财产安全，促进经济发展，制定《特种设备安全监察条例》。该条例于 2003 年 2 月 19 日国务院第 68 次常务会议通过，自 2003 年 6 月 1 日起施行。2009 年 1 月 24 日，公布了《国务院关于修改〈特种设备安全监察条例〉的决定》。新修订的《特种设备安全监察条例》于 2009 年 5 月 1 日起施行。新条例对进一步依法开展特种设备安全监察工作，增强特种设备安全生产能力，保障人民群众生命、财产安全，加强对高耗能特种设备的节能审查和监管，促进经济健康发展产生重要的推动作用。条例内容涵盖了特种设备的生产、使用、检验检测及其监督检查的全过程的安全监察。条例中规定的压力管道，是指利用一定的压力，用于输送气体或者液体的管状设备，其范围规定为最高工作压力大于或等于 0.1MPa（表压）的气体、液化气体、蒸气介质或者可燃、易爆、有毒、有腐蚀性、最高工作温度高于或者等于标准沸点的液体介质，且公称直径大于 25mm 的管道。该条例规定国务院特种设备安全监督管理部门负责全国特种设备的安全监察工作，县以上地方负责特种设备安全监督管理的部门对本行政区域内特种设备实施安全监察。特种设备生产、使用单位应当建立健全特种设备安全、节能管理制度和岗位安全、节能责任制度。并鼓励采用先进技术，提高特种设备安全性能和管理水平，增强特种设备生产、使用单位防范事故的能力。

3. 地方性法规

地方性法规是由省、直辖市的人民代表大会及其常务委员会制定，只能在地方区域内产生法律效力的规范性法律文件。近年来，随着我国油气管道的迅猛发展和《石油天然气管道保护法》的出台，地方政府为加强油气管道保护，也陆续根据《石油天然气管道保护法》颁布了相关的地方性法规。例如浙江省于 2014 年 7 月 31 日通过了《浙江省石油天然气管道建设和保护条例》，适用于浙江省行政区域内输送石油、天然气的管道以及管道附属设施（以下统称管道）的建设和保护，在管道保护职责、规划建设、临时用地补偿、执法分工等方面有许多创新和完善。

4. 部门规章

管道部门规章的制定机关包括国务院组成部门如国家发展和改革委员会、住房和城乡建设部、交通运输部等，以及直属机构如国家能源局、国家安全生产监督管理总局等行政管理部门。油气管道相关的部门规章主要有：《油气输送管道与铁路交汇工程技术及管理规定》《关于处理石油管道和天然气管道与公路相互关系的若干规定（试行）》《国家林业局关于石油天然气管道建设使用林地有关问题的通知》《防雷装置设计审核和竣工验收规定》《陆上石油天然气储运事故灾难应急预案》《压力管道安装安全质量监督检验规则》等。

（1）《油气输送管道与铁路交汇工程技术及管理规定》

根据《石油天然气管道保护法》《铁路法》等法律法规的相关规定，为进一步规范油气输送管道与铁路交汇工程建设和管理，保障油气输送管道和铁路设施安全，保护人民群众生命财产安全，国家能源局、国家铁路局印发了《油气输送管道与铁路交汇工程技术及管理规定》，自2016年1月1日起施行，原石油工业部和铁道部联合发布的《原油、天然气长输管道与铁路相互关系的若干规定》（油建字〔1987〕505号 铁基〔1987〕780号）同时废止。规章分为总则、管道与铁路交叉、管道与铁路并行、协商机制、责任与义务、附则共六章。规章统一了油气输送管道与铁路相互交叉、并行工程的技术和管理要求，从而保障管道和铁路设施的安全。

（2）《关于处理石油管道和天然气管道与公路相互关系的若干规定（试行）》

该规定要求在现有公路两侧敷设石油或天然气管道时，石油部门应将管道走向和使用要求等，事先与有关省、市、自治区交通部门联系，在地形困难地段管道定线时，应有交通部门主管路段的人员参加。在现有公路两侧敷设油、气管道，或在现有油、气管道附近新（改）建公路时，油、气管道的中心线与公路用地范围（注）边线之间应保持一定的安全距离。对于石油管道，安全距离不应小于10m。对于天然气管道，安全距离不应小于20m。在县、社公路或受地形限制地段，上述安全距离可适当减小；在地形困难的个别地段，最小不应小于1m。油、气管道与公路应尽量减少交叉，如必须交叉时，一般采取垂直交叉，从公路路基下穿越；如必须斜交，斜交角不宜小于60°；在特殊情况下，不应小于45°。在山区因受地形限制的个别地段，斜交角最小不应小于30°。管道在公路路基下穿越（或路基填压管道）时，管道（或套管）顶面距公路路面顶面不应小于1m，距公路边沟底面不宜小于0.5m。同时还应结合石油部门有关管道穿越公路的技术规定，对管道采取相应的加强或保护措施。

5. 地方规章

地方规章由省、自治区、直辖市和设区的市、自治州的人民政府制定，具体表现形式有：规程、规则、细则、办法、纲要、标准、准则等。《中华人民共和国立法法》规定，应当制定地方性法规但条件尚不成熟的，因行政管理迫切需要，可以先制定地方规章，规章实施满两年需要继续实施，政府应当提请本级人民代表大会或者其常务委员会制定地方性法规。

地方规章是政府具体行政行为的重要依据，满足了特定历史阶段特定工作性质和任务的要求，是比立法更灵活更具体地体现行政管理职能的有效方式，具有很强的实效性。油气管道相关的地方规章有《山西省石油天然气管道建设和保护办法》《江西省石油天然气管道建设和保护办法》等。

二、我国油气管道标准

我国的油气管道技术标准包括国家标准、行业标准、团体标准和企业标准。油气管道国家标准主要包括 GB（强制性国标）、GB/T（推荐性国标）、JJG（国家计量检定规程）和 JJF（计量技术规范）。行业标准主要包括 SY（石油行业标准）、SH（石化行业标准）、HG（化工行业标准）、AQ（安全行业标准）、DL（电力行业标准）等相关行业标准，企业标准是企业制定的在企业内部执行的标准，例如中国石油天然气集团公司（以下简称"中石油"）企业标准（Q/SY）、中国石油化工集团公司（以下简称"中石化"）企业标准（Q/SHS）、中国海洋石油总公司（以下简称"中海油"）企业标准（Q/HS）、国家石油天然气管网集团有限公司（以下简称"国家管网"）（Q/GGW）均制定了相关的企业标准。油气管道国家标准和行业标准主要由石油工业标准化委员会下属的石油工程建设专标委、油气储运专标委、管材专标委和安全专标委分别归口管理。行业标准是以中石油、中石化、中海油、国家管网等石油公司为主共同制定、共同遵守的标准。

从专业角度看，油气管道属于交叉学科，覆盖管道的设计、材料、施工、运行、腐蚀与防护、安全、节能、维抢修、完整性管理等方面。

（1）设计方面的标准。GB 50251《输气管道工程设计规范》和 GB 50253《输油管道工程设计规范》是我国管道工程设计的两个关键性标准，部分技术内容参考了国际和国外的先进标准，是由原国家质检总局以及住房和城乡建设部联合批准发布的国家强制性标准，是管道工程设计的主要依据，在管道建设中发挥了巨大作用。

（2）材料方面的标准。主要围绕管子和管件的制造、检验、采购运输环节制定的，以等同采用 ISO 标准或者参考美国 API 标准为主。

（3）施工方面的标准。主要包含管道焊接施工、穿跨越施工、质量验收以及压力试验、无损检测等方面。这些标准在管道建设中起到了重要作用，具有很好的应用性，如 GB 50369—2014《油气长输管道工程施工及验收规范》等。GB 50369—2014《油气长输管道工程施工及验收规范》既综合了 ASME B31.8、ASME B31.4 等国际通用的具有较高权威的油气管道施工及验收标准，同时，也综合考虑了目前国内管道施工的质量、环保、安全、效益、社会环境、施工能力等多方面因素。

（4）运行方面的标准。基本围绕管道的试运投产、运行管理和维护等方面。行业标准主要有 SY/T 5536—2016《原油管道运行规范》、SY/T 6695—2014《成品油管道运行规范》、SY/T 5922—2012《天然气管道运行规范》等。

与西方发达国家普遍采用的基于市场的自愿标准化模式不同，我国油气管道标准分为强制性和推荐性两种，但一些强制性标准设置不合理，为此我国不得不将原来的一些强制性标准改为推荐性标准，而此种随意改变标准属性的做法凸显了我国标准化管理体制下标准和法律法规定位不明的弊端，并且我国标准由不同的标准化委员会归口管理，标准的管理和制定比较分散和孤立，没有形成有效的联络协调机制，往往导致标准体系存在交叉引用、相互不协调甚至冲突的现象，在一定程度上也影响了标准的整体协调性。

第四章 油气管道标准体系建设理论

第一节 油气管道标准体系建设现状及趋势

一、国外标准体系建设现状

当前国际上主要存在两种标准化管道模式，一种是以欧美国家为代表的基于市场需求的标准化管道模式，另一种是以俄罗斯为代表的基于计划管理的标准化管道模式。基于市场需求的标准化管道模式是通过专业技术协会或组织根据需求和专家建议，组织专家编写标准，坚持开放、公开、自愿参与等原则，充分考虑标准的相关性。基于计划管理的标准化管道模式（"综合标准化"）起源于20世纪30年代的苏联，是为了解决标准制修订工作分散、孤立和滞后的问题，对标准化所涉及的全部要素进行分析、评价、综合及跨行业、专业的全面协调，发挥标准化在总体方案论证与总体设计上的指导和保障作用，目标是追求整体最佳效益。

西方国家普遍采用强制性技术法规和自愿性标准相结合的标准化管理模式。企业在构建标准体系时，将需要遵循的国家监管类法规、行业标准和代表先进技术水平的国际标准等外部标准，经过企业内部修改、整合并细化、提升之后固化到企业标准体系中（见图4-1、图4-2）。国家法律法规是制定企业标准的依据和基础，企业标准须保持与法律法规的要求相一致。西方国家能源公司企业标准化模式贯彻了最为彻底的"综合标准化"思想。除了法律法规必须达到的要求之外，企业完全自主编制和采用标准（包括采用国际或国外标准），在大量外部标准的基础上构建自己的标准体系，在企业层面主导标准的制定和使用，企业内部只执行一套自行编写的独有的标准化文件。

对于计划性标准的编写，受其计划性的影响，不易组织所有专业的专家进行编写，容易出现技术落后、内容与需求脱节等问题。而基于市场需求的标准编写由技术驱动标准发展，由专业的技术协会组织编写，可以免费利用国际最高水平的资源，且全世界同行均可自愿参加并不断提出改进建议，是全世界成熟技术的集中体现。欧美国家的油气管道标准体系建设采用强制性技术法规＋自愿性标准体系模

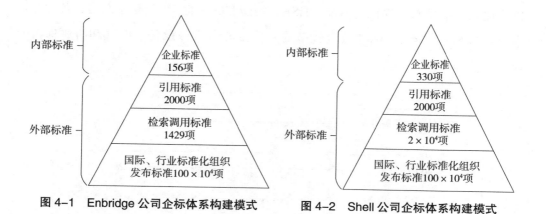

图 4-1 Enbridge 公司企标体系构建模式　　图 4-2 Shell 公司企标体系构建模式

式，除了满足法律法规（如美国法规 CFR192《天然气管道输送联邦最低安全标准》、CFR195《危险液体的管道运输》等）要求必须达到的安全和技术要求之外，企业还应完全自主编制和采用标准，包括直接采用国际标准。企业标准体系被整合编写成一套标准手册，内容足够具体、详尽，公司内部只需执行这一套标准手册，基本不需要再查阅和使用任何其他标准化文件。企业完全根据其生产管理需求开展标准的制修订工作，拥有最大的自由度对与自身业务相关的所有标准进行修订。

从以上描述可以看出西方国家企业标准体系建设的特点，西方能源企业或管道公司采用的是集成基础上的标准手册模式，在企业内部构建了系统完整、协调统一的全生命周期的标准体系，对应建立有完整的工程建设技术规范和运行维护手册，其中包括在国家层面建立完善的针对工程建设和运行管理的最低要求，同时在企业层面由企业自身建立完整适用的标准体系，企业内部只执行自己编制的标准手册，企业内部执行的标准具有唯一性，并根据需要随时更新完善。

二、我国标准体系建设现状

油气管道行业目前形成了以全国石油天然气标准化技术委员会为主体的国家标准、行业标准、团体标准和企业标准共存的局面。目前，我国管道已经构建起了涵盖设计、施工、验收到运行管理、维修维护、报废封存的全生命周期范围内，涉及工艺、防腐、完整性、机电、自动化、计量、信息到安全、环保等近20个专业技术领域的技术标准体系，在生产管理实践中发挥了巨大的指导和保障作用。

从专业角度看，油气管道标准包括建设与运行总则、管道线路、穿跨越总图、运输、站场工艺、仪表自动化、通信、电气、防腐保温、建筑与结构、机械设备、供热通风、给排水、焊接、节能、HSE、消防和完整性18个专业方向，各专业标准统计数量见图4-3，标准数量较多的专业主要有机械设备、电气和防腐保温专业等。

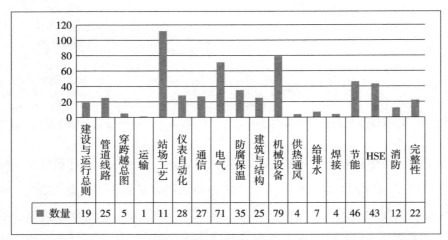

	建设与运行总则	管道线路	穿跨越总图	运输	站场工艺	仪表自动化	通信	电气	防腐保温	建筑与结构	机械设备	供热通风	给排水	焊接	节能	HSE	消防	完整性
数量	19	25	5	1	11	28	27	71	35	25	79	4	7	4	46	43	12	22

图4-3 油气管道标准体系现状

油气管道属于交叉学科，涉及工艺运行、电气、机械设备、自动化通信等多个专业。截至2018年年底，在国家标准和行业标准层面，我国油气管道标准共有565项，包括302项国家标准、193项石油行业标准，以及70项其他行业标准，组成分布见图4-4，各类标准数量统计见图4-5。

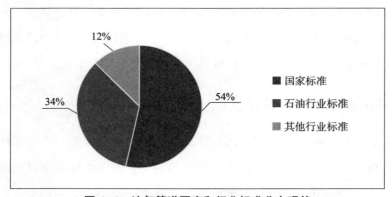

图4-4 油气管道国家和行业标准分布现状

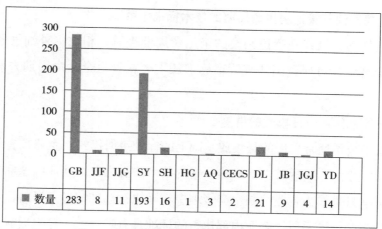

	GB	JJF	JJG	SY	SH	HG	AQ	CECS	DL	JB	JGJ	YD	
■数量	283	8	11	193	16	1	3	2	21	9	4	14	

图4-5　油气管道国家和行业标准数量统计

三、标准体系建设的支撑作用及趋势

标准体系建设是企业标准化发展到一定阶段的产物，是国内外企业标准体系建设经验的总结与创新，标准体系不是由若干单项标准简单机械组成，而是必须覆盖企业所有的要素，并且标准之间应形成由企业内在耦合作用决定的关联关系，才能有效地指导企业运营。必须清晰地认识到，标准对产业的支撑作用不仅体现在标准数量上，标准之间相互关联形成协调合力才能对社会发展形成有力支撑。因而，在标准境外应用、"走出去"过程中，也需要标准体系为保障，实现整体、有步骤的推进。

鉴于国内油气管道现有标准体系的现状，有必要在标准化理念、方法、管理模式及体系建设等方面进行深入思考、探索和革新。

1. 采用技术法规和自愿性标准结合的体系结构

欧美国家油气管道标准体系普遍采用"强制性技术法规＋自愿性标准体系"模式，除了法律法规要求必须达到安全和技术要求之外，企业完全自主编制和采用标准。欧美国家油气管道标准体系中技术法规部分不但全面，而且较好地覆盖了重要的生产环节，自愿性标准体系为企业提供了更多的选择。

一味强调遵守国家标准，会阻碍企业的自主创新和技术进步。如果能够在遵守国家标准的基础上，给企业更多的自主空间，让企业能够主动采用更为严格的标准以平衡管道安全和经济性的要求，必将更好地推动我国油气管道行业健康发展。

2. 健全覆盖油气管道全生命周期的技术标准体系

从管道规划、设计到管道判废的全生命周期来看，相比国外油气管道全生命周期的标准现状，目前我国油气管道标准还需要在管道全生命周期方面进行查漏补缺。

3. 企业标准体系建设模式的借鉴

国外管道公司通常采用的是集成基础上的标准手册模式，企业拥有最大程度的标准自主权，除法律法规及立法机构认定的技术法规之外，其他国家标准、协会标准、国际标准只是作为企业编制生产管理中实际执行标准的参考资料，企业内部只执行自己编制的标准手册，企业内部执行的标准具有唯一性，并根据需要随时更新完善。这种企业标准体系建设模式对我国油气管道标准一体化标准的研究和制定能起到指导作用。

4. 加强标准国际化是走向国际市场的"通行证"

结合国家"一带一路"倡议，启动"一带一路"沿线国家油气管道标准比对研究，编写国际国外先进标准，在国际化的道路上，可以进一步完善标准体系。

第二节　油气管道标准一体化构建

一、标准一体化概述

对以往建设模式下的标准体系进行深入分析发现，标准的数量呈现不完全受控的状态，即对于一个给定的系统，究竟应该设置多少项标准是合理的是没有原则和标准的。企业标准申报较为随意，大标准和小标准混杂在一起，有时系统很小的一个单元或属性就制定一个标准，导致标准数量不断增多，原因之一就是标准体系顶层框架的控制力不强，提出制定具体标准的原则不清晰。

标准体系框架是系统标准化内容的顶层设计，决定了标准覆盖的全面性、结构的合理性、功能的适用性及维护的便利性。因此，一体化框架的研究是一体化标准体系建设的核心内容，一体化标准体系必须先研究建立标准体系框架。

对于什么是"一体化"，目前并没有确切的定义。当今世界，"一体化"这一词用处较多，企业也不例外，比如横向一体化、纵向一体化、产运销一体化、一体化项目管理、一体化设计、机电一体化技术、物流一体化、QHSE 一体化管理体系和集约型一体化管理体系等，具体内涵和外延千差万别。究其实质，"一体化"的含义可以理解为：将两个或两个以上互不相同、互不协调的事项，采取适当的方式、方法或措施，有机地融合为一个整体，形成协同效力，以实现组织策划目标的一项措施。

"一体化"虽然应用的领域较多，但基本的内涵就是将所研究的事物当成或形成一个整体。因此我们在油气管道企业标准体系建设实践中也采用"一体化"一词，基本的目的和内涵也是指将油气管道系统全部的对象作为一个有机联系的系统，整体开展标准化研究。

油气管道一体化标准体系建设是企业标准化发展到一定阶段的产物，是国内外企业标准体系建设经验的总结与再创新。油气管道标准一体化既是新型标准体系构建的过程，也是企业标准体系建设模式、理念革新的过程。一体化标准体系框架研究中应解决的关键问题包括：

（1）覆盖性，即能够囊括系统内全部标准化内容；

（2）结构合理性，包括分类的合理性和层级设置的合理性；

（3）功能的适用性，实现对不同方面标准化内容进行有效组织管理；

（4）维护的便利性，以上3个方面的性质决定了维护的便利性，即不给标准制修订及体系更新带来复杂和大量的工作。

一体化标准体系的建设需要深入研究企业标准体系建设过程中体现的标准化特征，以揭示由企业的系统实体向标准转化的过程中的标准化原理，建立普遍适用于油气管道标准体系建设的理论方法，这就需要摈弃过去传统的"计划式""头脑风暴式"框架研究模式，采用综合标准化理念，并系统地开展标准化对象分解分类，作为标准体系框架建设的基础，形成按照一定层级类别划分的油气管道标准化对象及要素，并建立相互间的关联关系，对于油气管道行业标准化的协调统一、行业发展和推动标准"走出去"具有十分重要的作用。

二、标准一体化构建原则

系统性是"一体化"的基础。要体现"一体化"的整体性，需要考虑以下3个方面：

（1）覆盖全业务对象

在这里，将"全业务对象"的内涵限定为组成油气管道系统的对象，即"一体化"的内涵首先应该体现在包含组成系统的全部组成部分。这里的"全部"又是指组成系统的各个单元或部件。因为少了任何一个单元，系统都将是不完整的。而系统的完整性则是系统可能表达出的结构、特性、功能的前提条件。

（2）覆盖全生命周期

全生命周期是当前流行的另一个理念。生命周期被用在多个领域，如：产品全生命周期管理（Product Lifecycle Management，PLM）是指管理产品从需求、规划、设计、生产、经销、运行、使用、维修保养、直到回收再用处置的全生命周期中的信息与过程。企业的生命周期是指企业诞生、成长、壮大、衰退直至注销的过程。虽然不同企业的寿命有长有短，但各个企业在生命周期的不同阶段所表现出来的特征却具有某些共性。了解这些共性，便于企业了解自己所处的生命周期阶段，从而修正自己的状态，尽可能地延长企业寿命。行业的生命周期指行业从出现到完全退出社会经济活动所经历的时间。行业的生命发展周期主要包括四个发展阶段：幼稚期，成长期，成熟期，衰退期。

我们在研究系统的标准化行为时，"一体化"的整体性不仅仅体现在组成部分的完整，因为仅仅有实体化的部件只是一个机械化的存在。只有把系统当成一个有机的整体，研究其从筹划、方案、设计、建成、运行到废弃的整个生命过程的行为，才能实现系统的最合理、最优化。系统生命周期过程中的各个阶段都会对下一阶段以及系统的结构、功能产生影响。因此，"一体化"除考虑实体化对象的全覆盖外，还必须考虑生命周期的全覆盖。

（3）充分考虑对象之间关联关系

一个复杂系统往往是由巨大数量的部件组成。在形成系统之前各个部件均是一个单独的个体，通过相互之间的各种联系形成一个系统，即"一体化"是通过关联关系形成一个系统整体的。借鉴系统的定义来看，关联关系就是系统各要素之间相互联系、相互作用的形式。形式不同，则系统表现出的结构、特性、功能也不相同。因此关联关系是系统各要素形成"一体化"的基础。

三、标准一体化构建流程及方法

基于油气管道一体化标准体系建设经验，运用一体化理论，通过探索形成了一体化标准体系建设流程，如图4-6所示。

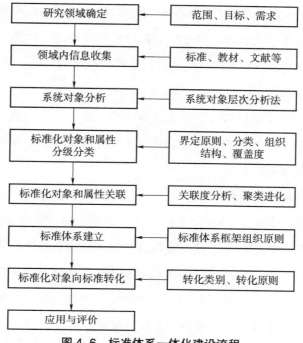

图 4-6　标准体系一体化建设流程

该流程从标准及业务界面出发，通过系统的要素分解，提取标准化对象，进行标准化对象的分级分类，建立标准化对象和属性数据库，通过标准化对象分析构建标准体系，并基于标准体系通过标准化对象和要素聚集组合形成标准综合体。

1. 研究领域确定及领域内信息收集

标准体系一体化建设首先要确定标准研究领域的范围、目标和需求，在此基础上通过各种方式获取需要的信息，收集过程中要遵循准确性和全面性原则，信息收集是构建研究系统中最关键的一步，信息收集工作的完整度直接关系到后续标准体系构建的质量。

2. 系统对象分析

在构建一体化标准体系时，为满足一体化的要求，保证实现综合目标最佳，应保证系统各方面和各阶段要素的完整性，需要进行系统对象分析工作，对系统要素进行分解，尽可能提取出各系统模块包含的要素，其方法主要通过系统层次关联结构分析和标准碎片化模型来实现。

3. 标准化对象和属性分级分类及标准化对象和属性关联

根据梳理的系统对象，对需要标准化的系统对象进行界定，提取标准化对象，并将多个标准化对象的共性性质或同一标准化对象的不同方面提取作为属性，采用多维度多层级的矩阵模型表示，建立标准化对象与属性之间的关联关系，通过关联性评价确定标准化对象应包含的属性并进行分级分类。

4. 标准体系建立

标准体系的构建主要包括绘制标准体系结构，按空间结构型、时间型、功能型或其他来确定标准体系结构类型并建立各专业的标准子体系，即确定各专业内包含的标准，最终形成标准明细表。

5. 标准化对象向标准转化

标准化对象向一体化标准转化工作主要分为建立标准化对象的进化组织结构、建立标准化对象聚类组合模型、建立标准化对象属性覆盖度分析模型，分析标准化对象的属性覆盖度，通过遍历检索标准化对象和属性建立各个标准框架之后，将写入的标准化对象和属性标记为已覆盖，当标准化对象和属性全部覆盖时，建立的标准体系则是完整的，实现全生命周期、全业务覆盖。

6. 应用与评价

（1）基于问题的标准改进提升：针对实际存在的问题，提取相关的标准化对象，并查找相关标准，当现有标准难以解决问题时，则需要对标准进行改进，最终达到标准体系不断优化的目的，实现闭环管理。

（2）覆盖度分析评价：基于标准化对象的标准体系覆盖度分析模型，采用将标准体系进行分解，提取包含的对象，并对照标准化对象库，从多个维度分析覆盖度，并基于标准化对象的属性，分析标准的技术水平。

（3）标准制修订：对照标准化对象库和属性库，当出现新的标准化对象或属性时，判定是否存在关联的一体化标准，当存在时，则将新的标准化对象或属性通过修订的方式加入该一体化标准；当无关联标准时，则依据新的标准化对象或属性制定新的一体化标准。

以上借鉴标准化基本理论、综合标准化思想和本体理论等，结合标准一体化需求，给出了标准一体化建设的流程和方法，为标准体系一体化建设提供了实践指导。

四、标准一体化构建实例

根据标准一体化建设流程和方法，以及结合油气管道企业业务的实际需求，从领域信息收集、标准化对象和属性分级分类、聚类组合、标准转化及框架构建等方面，开展油气管道企业标准一体化体系的建立。

1. 确定研究领域和目标

结合业务实际需求，目前油气管道业务领域范围包括原油、成品油、天然气三大介质管道系统，暂不包括城镇燃气、LNG、CNG 等。

针对原油、成品油和天然气三大介质油气管道系统开展一体化标准体系建设，构建涵盖企业全部业务的一体化标准体系，解决标准体系冗余、交叉、矛盾等问题，最终形成覆盖全面、结构层次合理、协调最优的标准体系架构，保障油气管道安全、高效、环保运行。

2. 领域内信息收集

（1）相关资料

研究整合油气管道业务全生命周期的涵盖从设计、施工、采办到投产、运营各个阶段的技术和管理标准，收集了国内外油气管道相关标准 3000 余项，并重点分析管道企业标准体系近 900 项标准，以及部分油气储运教材、相关文献资料等内容，保证信息收集的完整性。

（2）业务流程

以输气管道业务流程为例，分析输气管道系统的整个业务流程，与标准等文献资料的梳理互为补充，如图 4-7 所示。

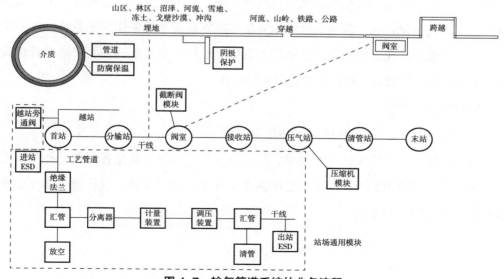

图 4-7　输气管道系统的业务流程

3. 系统对象分析

系统要素是提取标准化对象的基础。针对油气管道系统，从现有标准和业务流程出发梳理系统要素，共包含以下内容：

（1）系统内属性、关联关系

油气管道系统包含的属性主要分为空间属性、领域属性、时间属性和全系统关联属性。

（2）周围环境及关联关系——穷举法

油气管道系统与外部环境存在着关联关系，油气管道系统外部环境主要分为自然类环境和人为类环境，如环境属性、第三方属性，对油气管道所关联的外部环境通过穷举法达到环境因素覆盖全面。

（3）社会性及关联关系

作为复杂的人工系统，油气管道系统与人类群体存在着密切的关联。油气管道系统与人类的作用是相互的，人类的社会活动会对油气管道系统的结构和功能产生影响，同时油气管道系统也会对人类的安全、生活环境等产生影响。

4. 标准化对象和属性分级分类及其关联

根据对系统要素的分析，提取需要标准化的要素，确定油气管道系统的标准化对象，如图4-8所示。油气管道系统围绕两个核心标准化对象即管道线路和油气站场，形成核心功能模块。基本标准化对象（包括仪表自动化系统、通信系统、腐蚀控制系统、消防系统、给排水系统、供配电系统、通风系统和供暖系统等）则围绕着核心标准化对象存在，将核心标准化对象和基本标准化对象作为子系统，进一步分析下一层级标准化对象，并且从系统要素中提取标准化对象的相关属性和关联关系，最终建立油气管道工程的标准化对象层级库。

5. 构建标准体系

（1）结合业务，建立标准体系结构

按照标准体系架构组织原则要求，结合油气管道业务，确定各专业，并在顶层设计中给出基础通用和设计与运行总则两个子体系，共同组成油气管道一体化标准体系架构，如图4-9所示。

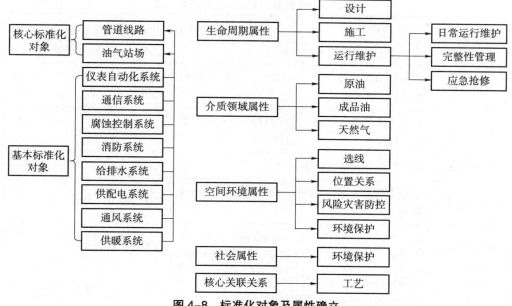

图4-8　标准化对象及属性确立

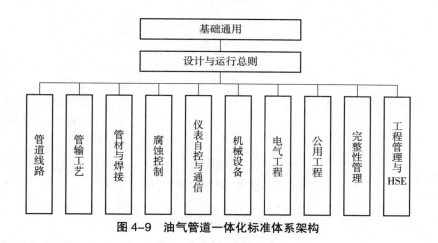

图4-9　油气管道一体化标准体系架构

（2）针对各专业，划分基本对象

依据标准体系结构中的各专业划分，从功能、业务的生命周期、空间组成等若干不同属性的角度选取各专业包含的基本标准化对象。油气管道相关业务及标准化对象见表4-1。

表4-1 油气管道相关业务及标准化对象

业务	基本标准化对象	
	（空间序列）	（生命周期序列）
管道线路	埋地管道、跨越管道、穿越管道、并行管道、伴行路、管道标识	勘察测绘、选线、设计、施工、投产、运行、维护、报废
管输工艺	管输介质、原油管道、成品油管道、天然气管道、储气库、石油库、控制中心	设计、运行
管材与焊接	钢管、管件、设备设施	在役焊接、施工焊接、检测
腐蚀控制	外防腐保温、阴极保护、杂散电流、内腐蚀控制	设计、施工、检验、补口
机械设备	输油泵机组、压缩机组、阀门及执行机构、炉类设备、储罐、管道工艺设备、站场工艺设备	选型、安装、维护
仪表自控与通信	检测与控制、计量、监控与数据采集、火灾及可燃气体检测报警、远程诊断、通信[a]	设计、安装、维护、操作
电气工程	电气系统、电力设备、防雷防静电	设计、施工、维护、检修
公用工程	总图与运输、建筑与结构、暖通、给排水、消防	设计、施工、维护
完整性管理	线路、站场	内检测、腐蚀检测与评价、外检测、完整性评价、地质灾害防护、泄漏监测、安防预警、设备在线监测、缺陷修复、应急、抢修[a]
工程管理与HSE	项目管理、项目质量管理、工程监理、项目竣工验收、投产与交接、安全、环境保护、职业健康[a]	—

a 此处为功能序列。

（3）建立各专业标准子体系

采用多维度向单维度映射的方法，针对各专业，以某个维度的基本标准化对象为主，其他维度的属性映射到该维度，建立各专业标准子体系（见表4-2）。

表4-2 各专业标准子体系

序号	业务	映射	标准化对象
1	管道线路	空间序列	勘察测绘、线路、穿越、跨越、并行管道、水工保护、伴行路、地面标识

表 4-2（续）

序号	业务	映射	标准化对象
2	管输工艺	空间序列	管输介质、控制中心、输气管道输送工艺、输油管道输送工艺、输气管道运行、原油管道运行、成品油管道运行、地下储气库、石油库
3	管材与焊接	空间序列	钢管、管件、设备设施材料、线路施工焊接、在役管道焊接、工艺设备设施焊接、焊接检测
4	腐蚀控制	空间序列	通用技术、防腐保温层、阴极保护、杂散电流、内腐蚀控制
5	仪表自控与通信	功能序列	通用技术、检测与控制仪表、计量、监控与数据采集、火灾及可燃气体检测、远程诊断、通信
6	机械设备	空间序列	离心式输油泵、离心式压缩机、往复式压缩机、阀门及执行机构、炉类设备、储油罐、输气管道工艺设备、输油管道工艺设备、站场工艺管道
7	电气工程	空间序列	电气系统、试验规程、防雷防静电
8	公用工程	空间序列	总图与运输、建筑与结构、暖通、给排水与消防
9	完整性管理	功能序列	线路完整性管理、站场完整性管理、内检测、腐蚀检测与评价、外检测、完整性评价、地质灾害防护、泄漏监测、安防预警、缺陷修复、在线监测、应急、抢修
10	工程管理与HSE	功能序列	项目管理、质量管理、工程监理、竣工验收、投产与交接、安全管理、环境保护、职业健康

（4）编制标准明细表

依据各专业向单维度映射后的标准化对象，建立各专业包含的标准列表（见表 4-3）。

表 4-3　各专业标准列表

专业	标准
管道线路	油气管道线路、油气穿越管道、油气跨越管道、油气并行管道、油气管道线路水工保护、油气管道伴行路、油气管道地面标识
管输工艺	输气管道输送工艺及运行、原油管道输送工艺及运行、成品油管道输送工艺及运行、输油管道石油库技术规范（多个部分）
机械设备	输油管道输油泵机组、输气管道压缩机组、油气管道阀门及执行机构、油气管道炉类设备、储油罐、输气管道工艺设备、输油管道工艺设备、油气站场工艺管道
管材与焊接	油气管道钢管、油气管道管件、油气管道线路焊接、油气管道设备设施焊接、在役油气管道焊接、无损检测

表 4-3（续）

专业	标准
腐蚀控制	油气管道腐蚀控制、油气管道防腐保温层、油气管道阴极保护、油气管道杂散电流防护
仪表自控与通信	油气管道仪表自动化控制、油气管道检测与控制仪表、油气管道计量、油气管道监控与数据采集、油气管道火灾及可燃气体检测报警、油气管道远程诊断、油气管道通信
电气工程	油气管道电气系统、油气管道电力设备的故障预防及检修、油气管道防雷防静电及接地
公用工程	油气管道总图与运输、建筑与结构、暖通、给排水与消防
完整性管理	油气管道线路完整性管理、油气管道站场完整性管理、油气管道检测与修复、油气管道腐蚀检测与评价、油气管道完整性评价、油气管道地质灾害防护、油气管道安防预警、油气管道应急、油气管道抢修
工程管理与 HSE	油气管道建设工程项目管理、油气管道工程项目质量管理、油气管道工程监理（含设计监理）、安全管理、环境保护、职业健康

（5）标准内容

以油气管道标准化对象构建标准时，通过筛选标准化对象和属性关联数据库，将相关标准化对象和要素进行聚集，建立标准框架。以线路—干线—防腐—外防腐层四级对象构建标准框架，应包含外防腐层对象下的所有子对象和属性（见表 4-4）。

表 4-4　油气管道外防腐层相关对象和属性

对象	子对象及属性
线路—干线—防腐—外防腐层	3PE（生命周期；敷设方式；环境）
	FBE（生命周期；敷设方式；环境）
	无溶剂环氧（生命周期；敷设方式；环境）
	聚烯烃胶带（生命周期；敷设方式；环境）
	环氧煤沥青（生命周期；敷设方式；环境）
	保护层（生命周期；敷设方式；环境）

将外防腐层关联的标准化对象和属性按照一定规则排列形成标准框架结构，如按照生命周期—对象—子对象模式或对象—子对象—生命周期模式构建的框架目录如图 4-10 所示。

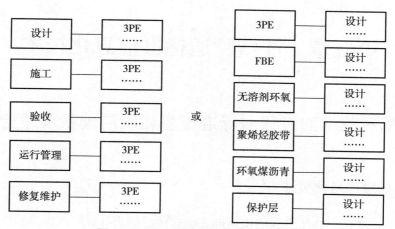

图 4-10　油气管道外防腐层标准框架

该章内容将在丛书的《油气管道标准体系理论与实践》分册中详细阐述。

第五章 油气管道标准信息化技术

第一节 油气管道标准信息化发展现状及趋势

一、标准信息化概述

随着全球经济一体化进程的快速推进，我国经济正日益融入世界经济全球化的大局中。经济全球化、服务信息化是 21 世纪最典型的特征，也是开展标准信息工作面临的新的外部环境。借助各种现代化的信息交流传递手段，标准信息正在以越来越方便、快捷的方式和方法被使用和管理。尤其是计算机和网络的兴起，使得标准信息化从内容到方式都产生了极大的变化。

1. 标准资料的加工、整理和保存方式更加先进

传统的标准资料入库保存，需要经过搜集、整理加工和纸质资料发布等过程。每一过程都需要一定的人员和相应的工作程序，对手工操作的依赖性比较大，对于储存环境维护、长期维护的成本和资料利用效果都存在较大局限。近年来，随着信息化的普及，标准资料多采用电子版的形式保存，标准资料通过扫描或直接录入计算机，保存成计算机文件格式或刻制成光盘。这种形式不仅能够长期、安全和完整地保存，而且为标准资料的进一步加工、整理和使用提供了方便。

随着现代科技的发展，计算机存储技术在不断改进，与之配套的软硬件也在不断完善，使标准用户使用起来更加便捷。目前大多数的标准文本均以 PDF 文件格式存储，这种文件格式具有比其他文件格式更适应作为电子文本的优点，具有文件体积小、图像质量好、易于进行后期加工整理等优点。以 ASTM 标准为例，1999 年 ASTM 标准的电子版本文件内容就已经采用 PDF 格式存储，需要 8 张光盘；而在随后的短短两年内，其光盘产品经过几次改进，由 8 张盘压缩为 6 张盘、4 张盘，最后仅需要 2 张光盘就将 11000 多项标准保存。

标准电子版文件还可以根据其不同用途，利用相应的系统，使多个用户能够同时通过网络共同阅览和使用同一套电子版标准。

2. 标准资料查寻、检索更加便利

标准电子版的文件检索工具已经被广泛接受，它正在逐步替代卡片和纸质标准检索目录。新形式的标准计算机检索软件不仅能够提供标准号的检索，而且能够根据单个关键词对标准内容和标题进行指定范围的精确和模糊检索，并且在检索到标准名称的同时，提供标准内容的简要介绍，大大提高了标准检索速度和检索准确性。在相关的标准信息服务网站上，还可以实现网上检索。目前，世界上比较著名的标准化机构，如 ISO、SAE、ASTM 等网站上，都提供标准在线检索服务。

3. 标准资料提供方式更加多样

随着互联网的不断发展，许多标准资料可以直接通过网络提供。目前，世界各地的标准用户都可以通过互联网查询检索各大国际知名标准机构的标准，并且有些标准机构提供标准下载服务，标准使用者可以通过网上付费下载的方式，直接获取自己所需要的标准。随着信息网络技术的发展，国内各标准管理机构也基本建有标准信息系统以提供标准资料的检索和购买服务。

4. 标准资料更新频率加快

为适应科技发展和经济全球化的需要，新标准的制定和更新周期越来越短。按照惯例，国内外各种标准修订和更新周期为 5 年，成套标准每年都会有一次更新和补充。但随着高新技术发展速度的加快，标准的修订和更新也越来越快。

二、标准信息化发展现状

标准信息资源的信息检索经过了三个阶段：手工检索工具、光盘检索系统和网络检索系统。其中，手工检索工具主要指各种期刊、目录等，需要人工进行查找。随着技术的发展，有些期刊不仅以纸质形式出版，还以电子形式出版，虽然为电子期刊，但其中标准信息的检索方式仍为传统的手工方式，故将其统称为手工检索工具。光盘检索系统指存储在光盘上的标准信息资源数据库，可供用户在个人计算机上来查找、检索、获取所需标准信息资源信息，具有信息量大、检索功能强大、数据传输快等优点，缺点在于数据更新速度较慢、使用环境受限，一般由专业标准情报机构购买后提供给用户使用，或单位购买后供内部员工使用。网络检索系统指用户在个人计算机上通过互联网进行浏览、查找、检索、获取所需标准信息资源信息，具有分布存储、信息丰富、更新及时、资源整合、检索方便等优点，是目前主要的标准信息资源检索工具。互联网上的标准信息资源网站数量众多，比较常用的标准信息资源网站包括标准制定机构网站、标准出版机构网站和标准服务网站等。

随着信息技术的发展、标准数量的激增和用户需求的增加，标准信息化出现了标准信息技术的革新和标准信息服务模式的转变，信息化技术开始向个性化、大数据、智能化的方向发展。标准制修订依据、标准关联信息等标准大数据的挖掘、分析和管理，实现了标准研究领域、发展方向的分析，满足用户个性化检索要求的标准信息服务开始细化，实现了多途径检索、用户交互式检索等功能的智能检索，提高了标准信息检索效率。标准信息的服务模式由原来的被动式、大众化、单一化文献服务，开始向主动式、专业化、综合化的知识服务转变。

自 2009 年起，油气管道标准信息化工作通过将标准全文数字化加工技术、题录检索技术、全文检索技术、揭示检索技术、可视化技术、移动检索技术、协同工作技术、术语提取技术等应用于油气管道领域，陆续设计开发了油气管道标准信息管理系统、油气管道标准内容揭示系统 PC 端、移动 APP 客户端和标准可视化系统。实现了对标准信息的深度检索，以及标准技术指标的精确定位和横向对比；实现了标准信息的移动检索和检索过程及结果的可视化；实现了标准制定修订全过程管理和标准编写、审批等业务工作的无纸化及网络协同；实现了标准化工作全过程管理，进度实时监控和动态跟踪；提高了标准的查全率与查准率，全面提升了标准化工作质量和效率，极大地提升了油气管道标准信息服务水平。

在此基础上开展了油气管道标准信息系统顶层设计，分阶段开发油气管道标准化信息系统，促进各标准功能模块的有机结合和数据的互联互通，逐步实现标准化工作全过程管理和标准全生命周期信息管理，构建标准信息生态系统，从标准研究、标准管理、标准使用等方面推动标准信息化建设。实现了油气管道企业标准的立项、编写、审查、发布、修订、查询、实施、问题反馈、废止等全生命周期的信息化管理和工作协调。

三、油气管道标准信息化的支撑作用

油气管道标准境外适用性研究离不开信息技术的支持，油气管道标准境外适用性研究通过开展中国标准境外适用性理论研究，开展国内外标准技术差异对比分析研究，遴选优势标准开展标准在境外应用实践。因此，油气管道标准境外适用性研究是对标准管理、标准体系研究、标准比对研究和标准国际化研究基础的应用与提

升。而标准信息化工作是标准管理、标准体系建设、标准比对研究和标准国际化等一系列标准工作的信息化支撑手段，有助于提高相关工作的质量和效率，从而适应当前信息化时代标准化工作的节奏。

标准信息化为油气管道标准管理提供统一协调管理平台，协助各个专业技术委员会发挥职责、履行作用，通过开放数据、共享信息、标准流程、远程及移动办公等信息化手段，有效开展标准规划研究、标准制修订以及标准咨询与服务等工作。

标准信息化可辅助油气管道企业建立标准体系，促进企业生产技术、经营管理活动科学化与规范化，提高产品和服务质量，提高企业的整体效率，使企业获得最佳秩序和社会效益，从而使企业产品赢得市场的认可，实现企业的利润最大化。

标准信息化辅助标准比对研究，在提供便捷的标准信息共享平台的基础上，通过运用标准内容揭示检索、标准可视化检索等先进的信息技术，分析标准技术特性及指标差异，为油气管道标准的使用和研究人员提供强大的工具。

标准信息化促进标准国际化工作，帮助建立与国外标准化领域的学习、交流与推广的便捷渠道，并通过支持标准管理、标准体系建设和标准对标研究等标准化工作，促进中国油气管道标准水平的提升。

第二节　油气管道标准信息化关键技术

标准化工作离不开信息化的支持，信息化可以实现标准信息在企业内高效、快捷地传递，有利于提高标准化工作的效率、管理水平及监督能力，促进标准的全面贯彻执行。

一、油气管道标准信息检索关键技术

信息检索是从任何信息集合中识别和获取所需信息的过程及其所采取的一系列方法和策略，即用户根据需要，采用一定的方法，借助检索工具，从信息集合中找出所需要信息的过程。

目前，许多企业都建有标准检索系统，主要提供标准题录检索查询、全文浏览下载、信息发布以及技术论坛等功能。常用的标准检索方式为"基本字段信息"检索，能对标准名称、主题词进行检索，通过题录数据库检索到相关标准，可逐一翻阅标准原文来查找技术指标的相关内容。

油气管道标准信息管理系统是为生产技术人员、科研人员以及管理人员提供帮助，集标准检索、标准化管理、应用评价考核、信息推送及定制服务等功能于一体的综合性信息服务与管理系统。系统收录的标准范围主要是油气管道领域相关的国家标准、国外先进标准、企业标准以及行业标准等。

目前油气管道标准信息管理系统收录标准4400多项，涵盖了油气管道企业标准化的主要业务，设置了标准检索、标准体系、标准化工作、标准论坛、标准专家库、术语库、统计分析、考核与监督、系统管理、通知公告、动态信息、资源共享与交流等功能模块，系统除具有标准检索和标准化工作流程核心功能以外，还具有标准文本管理、标准全文处理、标准体系管理及统计分析等特殊管理功能。系统主界面如图5-1所示。

图5-1　系统主界面

标准检索是油气管道标准信息管理系统核心功能之一，不同的检索方式获得的检索结果不同，最常见的检索方式有初级检索、高级检索、分类检索、全文检索，在检索结果中进行二次检索等。

初级检索：一种简单的检索方式，主要满足单个字段的检索要求，用户只需输入一个检索项，即可完成查询。油气管道标准信息管理系统检索项设置主要包括标准号、标准名称、翻译题名、起草单位、起草人、发布单位、发布日期、实施日期、摘要、替代标准、采标一致性、归口单位、引用文件等。初级检索方式不易完成复杂的多条件检索，需进行二次检索。

高级检索：利用布尔逻辑运算（与、或、非）组合，允许用户同时提交多个检索字段信息，是一种更加精确的检索方式，检索结果命中率高。高级检索的优点是查询结果冗余少、查准率高，适用于多条件的复杂检索。

分类检索：按标准分类进行检索，主要分为国家标准、行业标准、团体标准、企业标准以及国外标准等。用户可以在限定标准类别的范围内进行精确检索。

全文检索：全文检索技术扩展了用户查询的自由度，打破了主题词对检索的限制，提高了标准文献的查全率与查准率，是一种可以对标准内容进行检索的检索方式。

二次检索：在前一次检索结果基础上进行再次检索，这样可逐步缩小检索范围，提高查准率。

对于检索结果，用户可以点击标准名称或标准号浏览每条标准的详细信息，也可导出检索结果的题录信息，有权限的用户还可在线打印标准或将标准文本下载到本地浏览。

二、油气管道标准内容揭示关键技术

标准内容揭示技术是一种新的标准检索技术，通过对标准技术指标的系统揭示和有效组织，能够实现从"基本字段信息"到"重要技术指标"的标准信息高效检索。该技术实现了以下 4 种功能：（1）能够实现对标准内容中技术指标的精确定位与检索；（2）技术指标相关的标准体系检索；（3）不同标准中同一技术指标的对比；（4）标准原文及引用条款的快速查看。

油气管道标准内容揭示系统主要为生产技术人员、科研人员以及管理人员提供标准检索功能的标准查询服务。系统标准数据范围主要是油气管道领域相关的国家标准、国际及国外先进标准、行业标准、团体标准以及企业标准等。目前收录揭示数据约 50000 条。油气管道技术标准内容揭示系统 PC 端系统主界面如图 5-2 所示。

标准内容揭示检索包括直接检索、高级检索和全文检索 3 种检索方式（如图 5-3 所示）。

（1）直接检索

在关键字输入框输入多个关键字，以空格相隔，单击检索，即会出现相关标准。勾选含下层标准化对象检索，所查主题词的下位概念主题词相关的内容会显示，勾选含上层标准化对象则所查主题词的上位概念主题词相关的内容会出现；若

图 5-2　油气管道技术标准内容揭示系统 PC 端系统主界面

含上 / 下层标准化对象同时选中，可查询与关键词相关的所有结果。该方式为模糊检索，可以满足大多数用户的简单需求。

（2）高级检索

可以精确检索到标准内容中的具体指标，并能直观地进行技术指标的对比，查准率高，结果精确。高级检索分为直接式检索和导航式检索两种方式。

①直接式检索（标准化对象 + 内容或指标检索）。

在"标准化对象"与"内容或指标"输入框中分别输入关键词，单击检索，即可检索出结果。

②导航式检索（标准化对象 + 标准内容分类、标准内容重要指标检索）。

在"标准化对象"输入框中输入关键词，点击"标准化对象类"，用户根据右侧属性栏中"标准内容分类"或"标准内容重要指标"的导航选项卡，选中技术指标，单击检索，即可检索出结果。见图 5-3。

图 5-3　标准内容分类与标准内容重要指标检索界面

（3）全文检索

全文检索对标准所有细分内容及技术指标进行检索，查全率高。在"关键词"输入框输入关键词，多个关键词以空格相分隔，即可查询到所有与所查关键词相关的内容，并标红显示。

揭示检索结果界面可以查看检索的关键词的相关结果，单击"查看内容"，或"查看引用条款"可直接查看标准详细内容以及标准引用条款内容。

在检索结果页面，双击"标准化对象""标准化对象要求"或"标准内容结构化名称细分"中的任意一项，可添加内容到对比框，方便用户进行标准指标比对。

三、油气管道标准可视化检索关键技术

信息可视化是一种信息处理方式，是通过抽象数据的可视化表示以增强人类感知的研究。将数据信息以图形的方式表示出来，比如树形图和饼状图等，可以使人们更加直观便捷地查看和了解数据。在进行数据筛选时，使用图形来对数据进行上钻和下钻，这便使得数据筛选更加有据可查，不至于筛选混乱，也使数据筛选更加井然有序，节省大量的人力和物力。

为了厘清海量信息之间的复杂关系，需要提取信息中的关键特征数据，并在特征数据之间建立逻辑关系。常用的特征数据处理方法主要有特征提取、聚类分析和交互式设计。其中，特征提取是指从众多的特征中找出对研究目标最有代表性的特征，尽量保持信息的可解释性；聚类分析是指把特征数据进行类群分类，通过定义特征数据之间的相似系数，尽量令群内特征数据相似、群间特征数据相异；交互式设计是可视化检索需要考虑的关键问题，通过在有限的屏幕空间里展示复杂的多层级多分支结构化信息，支持用户在特征数据层级间钻取。

标准是一种规范性文件，目的是在一定范围内得到最佳的秩序。很多企业都要遵循一定的标准，从而使得自身能够安全有效地运行。标准的类别和数量繁多，企业人员在查询时要通过层层筛选，才能获得最终要使用的标准。而这其中的筛选过程往往是复杂且耗时的，若想对标准内容进行比对等操作更是费时费力。

为了简化标准的查询，可以将标准文档按照文档结构进行拆分，将整篇文章分为不同层次的小条目，每个条目再细分为不同类型的词组，至此，一篇无结构的标准，便可结构化地存储于数据库中，用户可通过不同字段的匹配来查询，提高查询的速度与效率。但是，对于企业而言，所需查阅的标准数量庞大：从纵向看，有国

家标准、行业标准、团体标准、企业标准，从横向看，产品或者服务的方方面面，不同的部件或者不同的行为，都有相应的标准规范约束。用户的查询，往往不仅仅是一条简单的数据指标，还包括同一指标在不同标准的比对或者同一标准下不同行为、产品参数的指标，而希望非计算机相关专业的用户自己写出数据库查询语句显然不现实，因此，需要辅助性的系统，来帮助完成这项功能。

将信息可视化技术应用于标准内容检索中，实现标准信息可视化检索，能够实现用户与标准信息之间的交互，并向用户展示标准信息的内在关联关系，帮助用户以更加直观便捷的方式获取并理解所需的标准信息。

因此，我们探索研究和开发了标准可视化检索系统。通过了解标准信息的数据结构，以及员工在查询标准内容时的查询方式，设计了标准内容查询和属性查询等查询方式，并采用树形图和饼状图来帮助员工进行信息筛选。同时，标准可视化系统也支持对标准内容进行比对等功能，更注重用户体验。

油气管道标准可视化系统主要为了实现标准内容的可视化检索，用户可以根据标准化对象或属性名称查找到该标准化对象或属性的全部相关结果，然后借助可视化图表的方式，对标准内容进行层层筛选，最终定位到详细的标准内容。这样的检索方案，使用户能够快速找到关注的内容，从而提高工作效率，创造更多价值。

用户在可视化系统主界面（见图5-4）"关键词"输入框输入关键词或点击热门检索词，即可进入检索结果界面。

图5-4　可视化系统主界面

检索结果界面（见图5-5）分为关键词输入及选择部分、标准化对象或属性层级结构部分、标准化对象及属性选择部分、相关标准化对象及属性部分以及检索结果部分 5 个部分。

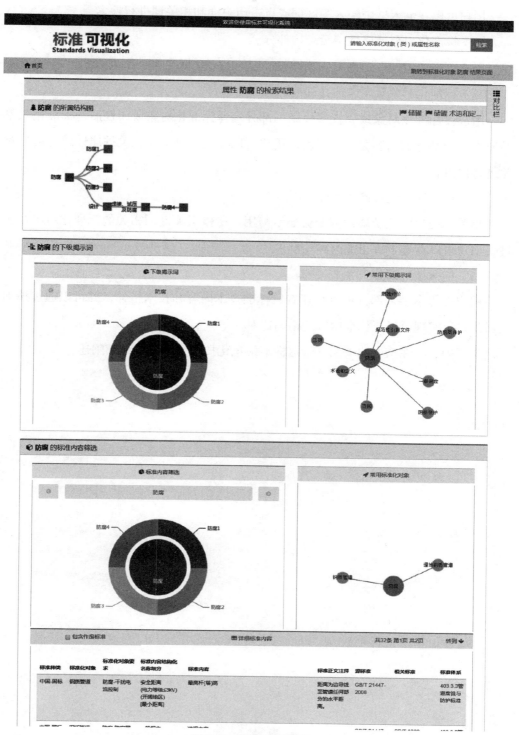

图 5-5　检索结果界面

（1）关键词输入及选择部分。

用户可以在输入框中输入关键词或点击历史词和相关词进行检索。

（2）标准化对象或属性层级结构部分。

用户可以通过树形图查看或选择关键词的上下级标准化对象或属性。

（3）标准化对象及属性选择部分。

用户在标准化对象或属性层级结构部分选择标准化对象或属性后，标准化对象及属性选择部分的内容会进行联动，用户可以在此部分选择相关的属性或标准化对象进行检索。

（4）相关标准化对象及属性部分。

相关标准化对象及属性部分会显示与用户所检索关键词相关的标准化对象及属性，用户可以点选了解相关内容。

（5）检索结果部分。

用户在检索结果部分可以快速查看标准技术内容和技术指标，并可以通过添加到对比栏，实现对任意标准内容的横向比对。

该章内容将在丛书的《油气管道标准信息化技术》分册中详细阐述。

第六章　油气管道标准比对技术及实践

第一节　标准比对分析技术简介

一、标准比对基本概念

标准比对属于对标管理的范畴，并且不仅仅是局限于对于国内外标准的研究和分析。其内涵包括，通过对各相关行业和企业的实践做法、技术标准、技术和管理经验的分析，确定对标的标杆，然后将自身的情况与标杆进行比对，明确技术和管理方面的差距，从而提出先进技术引进建议和标准改进的意见，形成适用于企业的技术和标准的发展策略，为企业技术与管理水平提升提供技术支撑。标准比对作为一种技术手段，其技术特征主要表现为，利用系统分析的方法，基于对生产需求模块、对标输入模块、过程管理模块、输出模块、生产应用模块等方面的分析，通过比对国内外先进标准、企业最佳的实践做法，借鉴先进的管理理念及成熟的技术，从而实现企业自身技术及管理水平的快速提升。

二、标准比对目的及意义

随着我国油气管道建设的快速发展，目前已基本形成横跨南北、纵贯东西和连接海外的油气管道网络。但从管道设计、建设、运营维护等各方面，与国外相比，在技术和管理方面仍存在一定差异。实践证明，对标管理作为目前世界上最为流行的三大管理方法之一，是快速提高企业核心竞争力的最有效手段。而标准比对属于对标管理的一部分，其目标也是通过对比标杆找差距，从而在管理和技术方面实现企业能力的快速提升。因此，开展标准比对，是发现国内外油气管道技术差异、评价技术与管理成果适用性的重要手段。标准比对可以分为标准层面、实践做法层面和案例分析层面3方面的内容。通过标准层面比对，可实现对国内外先进标准的比对以及先进技术指标的采纳，也可为有针对性地开展国内优势标准向国外的输出和转化奠定基础。通过实践做法层面比对，能够迅速了解国内外一些新技术和新管理方法的应用情况，明确标准的适用性，为在国内技术成果的推广应用奠定基础。通过案例分析层面的比对，可以更为直接地将国内企业的成熟技术和管理经验输出到海外企业，从而实现海外企业技术与管理水平的快速提高。针对管道设计、建设、运营及维护等环节，依托标准比对的技术手段，通过开展技术标准、企业实践做法以及工程案例等分析，建立适用于国外管道标准的比对方法体系，从而促进我国油气标准在境外落地和推广应用。

三、标准比对的支撑作用

经过多年的工程实践和技术攻关，我国在管道设计、建设、运营维护等方面形成了大量的技术成果，并在此基础上，完成了油气管道标准体系构建以及相关系列标准的编制，从而为国内油气管道的建设以及运行维护，提供了有力支撑。标准比对是开展标准适用性分析的重要手段，通过对油气管道全生命周期中各业务环节和属性的划分，可从标准、实践和案例 3 个层面，实现国内外油气管道技术与管理的全方位比对，明确国内外油气管道在技术和管理方面的差异性，确定标准以及相关成果的适用性，从而为推动我国油气管道标准"走出去"提供有力支撑。

该节内容将在丛书的《中外油气管道标准比对研究》分册中详细阐述。

第二节　油气管道标准比对技术

一、比对方法

油气管道领域标准比对以标杆确立为基础，采用广度标准比对与深度标准比对、专项标准比对与常态化标准比对相结合的方式，利用系统分析的方法，对油气管道系统全生命周期核心业务进行划分，通过生产需求模块、标准比对输入模块、过程管理模块、输出模块、生产应用模块的过程分析，实现系统协调、规范有序的模块化标准比对及其闭环管理，从而形成油气管道全业务、全生命周期的标准比对方法体系。

（1）标杆确立

确立标杆是开展标准比对的基础。标准比对的标杆可分为 3 类，即比对标准、比对企业、比对案例。比对标准是指在进行标准层面比对时所参考的典型标准；比对企业是指选定的用于对标的企业；比对案例是指所收集的用于比对的实例。比对标杆的选定，需根据比对的目的，从自身基础和条件出发，合理选定标杆，既不能随意选择低标准，也不能设定过高目标或提出不切合实际的口号。因此，要确保对标企业和对标值的先进性、可比性和可操作性。

（2）比对范畴要求

油气管道冗长的业务链流程及生命周期、繁杂的业务环节，决定了对其技术和管理要求始终处于动态发展过程中，同时产生的需求也存在轻重缓急、多层次的差异。因此，在开展标准比对时，需对研究的时间周期和深浅程度进行有效的控制。而在以往的研究中，因缺乏相关的认识，导致急迫需求无法及时完成、专项需求深度不够等问题。为此，标准比对需将广度标准比对与深度标准比对、专项标准比对与常态化标准比对有机地结合起来。

（3）比对过程分析

油气管道作为复杂的工程系统，对于技术与管理问题的分析，需要建立严格和科学的方法。科学规范的标准比对过程分析是保证每一步达到预期效果、不发生偏离，并最终保证标准比对效果的关键。根据油气管道技术和管理特点，借助生产需求模块、标准比对输入模块、过程管理模块、输出模块、生产应用模块等实现对油气管道业务的全覆盖分析及闭环管理。

①生产需求模块：在本模块中，可通过对生产需求的分析，确定比对的目标和范围。

②标准比对输入模块：在生产需求分析的基础上，在本模块中，可确定具体的比对企业、比对案例、比对标准甚至比对的具体条款和指标。

③过程管理模块：在本模块中，借助专家访谈、文献调研、实践做法和经验总结、案例分析以及技术适用性评估等手段，实现对生产技术与管理问题的全面分析。

④输出模块：在本模块中，形成最终的标准比对成果，包括标准制修订建议、技术和管理的提升建议、先进标准及条款采纳建议。

⑤生产应用模块：在本模块中，实现标准成果的全面应用，包括标准制修订的落实、新技术研发、技术和管理规程与文件的制定以及成果应用效果的后评价等。

二、比对技术路线

以油气管道生产需求为导向，采用系统分析的方法，进行技术或管理属性的划分、比对内容及标杆的确定，借助专家访谈、技术咨询、文献检索等手段，从相关标准比对、企业实践做法以及案例分析等方面，开展全面而系统的对比研究，形成标准制修订建议、技术与管理提升方法以及先进标准采纳建议等成果，最终落实关键标准的制修订，推进技术应用及研发，完成相关技术和管理文件、规程和制度的制定，并对相关成果应用效果开展后评价，以达到持续改进标准的目的。具体比对技术路线见图6-1。

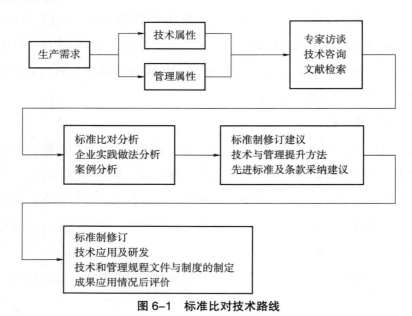

图6-1　标准比对技术路线

第三节　油气管道标准比对实践案例分析

一、标准体系建设宏观比对

标准体系建设是标准化工作的基础，标准体系的科学性决定了标准的总体水平。从宏观的角度，标准比对是建立科学和完备标准体系的重要手段。目前国内油气管道标准体系多为粗放的"标准集合"，标准数量庞大且来源不同。而大型能源企业均会从管理和技术需求出发，按照"综合标准化"的思想，建立一套适合企业自身发展的标准体系，从而规范和指导其业务行为。下面通过对国内外大型企业油气管道标准体系的比对，分析国内外油气管道标准体系存在的差异。

1. 比对标杆的确立

国外大型能源企业与油气管道企业具有比较高的相似度，同时其建立的先进标准体系也保证了企业的高效运营。经过调研分析，确定以欧美大型能源企业公司和油气管道运营商作为建设国内油气管道企业标准体系的比对标杆。

2. 比对范畴

（1）体系的完整性

体系完整性主要是指全业务和全生命周期两个方面。因为系统的整体性少了任何一个单元，系统都将是不完整的，而系统的完整性则是系统实现功能的前提条件。"一体化"的整体性不仅仅体现在组成部分的完整性，还体现在生命周期的完整性，只有把系统当成一个有机的整体，研究其从筹划、设计、建成、运行、废弃等整个生命过程的行为，才能更加合理地优化系统。系统生命周期过程中的各个阶段都会对下一阶段以及系统的结构、功能产生影响。

（2）体系结构的合理性

一个体系往往是由大量的部件组成。在形成系统之前各个部件均是一个单独的个体，通过相互之间的各种联系形成一个系统。通过关联关系分析，才能将标准化对象进行有序化、关联化，并分配组合，构建层次合理的标准体系架构。

（3）体系的协调最优

协调最优就是为了使成套标准体系的整体功能达到最佳，并产生实际效果，必须通过有效的方式协调好系统内外相关因素之间的关系，确定为建立和保持相互一致、适应或平衡关系所必须具备的条件。最后，从标准化对象及要素层面实现系统的最优化。

3. 比对分析

（1）标准体系涵盖范围比对

欧美大型能源企业普遍采用强制性技术法规和自愿性标准相结合的标准化管理模式。在保证符合国家法律法规强制性要求的基础上，企业会根据自身业务需求，创建企业标准体系并制定相应的标准。由于在标准体系中企业自主编制的标准占据主导地位，因此保证了该体系能够覆盖整个业务的全生命周期并具有良好的完整性和适用性。以北美某管道公司为例，该公司在北美地区管理的油气管道有80000km，在对公开使用的1429项外部标准进行摘录、修订、补充和认可的基础上，公司制定了精简适用的内部标准手册，主要包括公司运行原则、工程建设和运行维护三大类共 203 项标准。其中工程建设类包括 68 项工程设计标准和 61 项工程施工及设备技术规范；而运行维护类包括的运行维护规程手册，涉及管道安全、管道设施、焊接、机械维护、应急响应、维护管理等多个部分。公司内部只执行一套标准，每年不定期进行更新和完善。

我国油气管道企业标准体系建设借鉴了苏联的标准化模式。企业层面所建立的标准体系仅仅是一个由不同技术领域的国家标准、行业标准、团体标准、企业标准组合而成的"标准集合"，标准体系呈扁平式结构。

（2）标准体系合理性比对

西方国家能源公司在构建企业标准体系时，普遍遵循简化、统一的原则。以欧洲某大型石油公司为例，该企业标准体系呈金字塔结构（见图6-2）。该企业在 100 多个国家和地区有作业区，特别强调建立和使用统一的集团标准。其花费了大量人力、财力建立了一套由 339 项 DEP 标准，500 项标准程序和 200 项电子需求表格构成的内部标准系统，约 130 项 DEP 标准是在外部标准的基础上进行修订而成的，其余 200 项 DEP 标准则是根据公司核心业务编制而成的。这些标准是基于运行、维护、设计、施工的经验总结，要求承包商的作业不低于此标准的

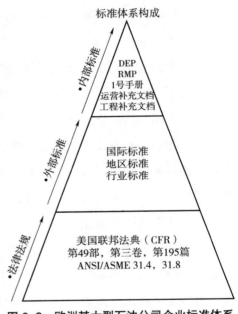

图 6-2　欧洲某大型石油公司企业标准体系

要求。欧洲某大型石油公司（shell）认为应尽量避免重复制定标准，以减少不必要的成本和矛盾。由于重视标准的一致性，严格按标准组织生产经营，公司收到了较好的"标准效益"，每年可减少 150 亿投资的 5%，缩短项目建设周期的 13%。

我国鼓励企业制定严于国家标准或者行业标准的企业标准，在企业内部适用，但国内企业标准体系大多依赖并直接使用国家标准和行业标准，在代表企业先进技术水平的企业标准制定方面仍有待加强。同时国家标准、行业标准、团体标准、企业标准的混合使用，标准数量多，内容繁杂，难免给标准的执行造成不便。

（3）体系协调性的对比

国外 Shell、Enbridge 和 BP 等企业在构建标准体系时，除必须要遵循的国家监

管类法规外，企业会完全自主地编制一套企业标准体系，所有外部标准均经过甄别、吸收、整合、修改、完善、提升之后固化到企业标准中，与本企业制定的标准一起，构成本企业标准体系。由于整个标准体系是企业自主构建，并制定了严格的动态更新与维护制度，因此保证了标准体系的协调、统一与优化。

在我国油气管道企业标准体系中，使用石油行业以外的其他行业标准比例占到了50%以上，企业标准中使用其他专业标准化委员会归口管理标准的比例占到了约25%。由于标准的制定和使用分属不同的部门，因此有必要建立更为有效的协调机制，以最大限度地避免出现标准内容不统一、不协调的问题。

通过对比分析可以看出，欧美大型企业标准体系建设是目前最为科学的企业标准体系建立模式，具有简洁、统一、协调、实用的特点，同时通过实行动态的管理和更新，也基本可达到优化的目标。其标准体系构建的核心是根据企业生产管理业务的需要，将自主制定标准与外部标准修改采用相结合，构建体现企业标准化意志和核心竞争力的标准体系。此外，其标准体系也实现了对于全业务领域和全生命周期的覆盖。

4. 比对结果

目前，我国油气管道企业标准体系建设普遍采取"标准集合"的模式，标准体系呈扁平式结构且标准数量多，因而有必要借鉴国外先进的企业标准体系建设的经验，从优化整体出发，企业构建一套系统更为完整、协调统一的油气管道全生命周期的标准体系，从根本上解决"国家标准、行业标准、团体标准、企业标准"组合模式带来的繁杂且效率不高的问题，从而提升企业竞争力。

二、标准具体指标微观比对

从微观的角度看，对具体指标进行比对是标准比对最常用的方式。利用具体指标的比对，能够快速分析差距，从而结合企业自身的实际，制定具体的技术要求，实现向先进标准看齐的目的。下面以特殊环境油气管道关键技术标准比对为例，分析标准微观比对的流程、方法及作用。

1. 比对标杆的确立

针对标准比对的需求，通过对国外相关标准的分析，确定的标准比对标杆为国外油气管道设计、施工以及运营维护的先进标准，包括国际标准、国家标准、行业标准、团体标准及企业标准。

2. 比对范畴

针对特殊环境油气管道技术特征，对比对要素进行梳理和确定。

（1）特殊环境要素。

通过分析当前油气管道所处的环境，最终确定特殊环境要素主要包括山区、沙漠、水网地区以及高寒地区4类。

（2）业务要素。

为实现对于特殊环境下油气管道关键技术标准的全面分析，应满足对于管道业务全生命周期的全覆盖，包括设计、施工到运行维护等全部要素。

（3）微观对比目标。

在对环境以及业务要素进行确定的基础上，结合技术需求和技术标准涵盖的内容，对比对的技术点进行了划分（见表6-1）。

表 6-1　特殊环境油气管道比对技术点

特殊环境要素	设计	施工	运行维护
山区	（1）山区管道线路选择方法； （2）山区阀室设置； （3）大落差管道设计； （4）山区管道穿越后期合建站场安全距离	（1）山区跨越和穿越管道的备用管和套管的使用； （2）山区管道下沟防护； （3）山区大落差管道试压	（1）山体隧道安全防护做法； （2）山区管道清管技术； （3）山区管道抢险设备进场方案与技术； （4）大落差管道运行控制措施与机制（防止水击，减少水力阻力静压减压）； （5）山区管道事故应急处置技术与管理； （6）山区成品油管道内腐蚀防护（低洼部位管道容易积水从而造成腐蚀）； （7）山区管道抢修物资优化配置
高寒地区	高寒地区管道设计的有效性评估方法	（1）冻土层开挖技术； （2）高寒地区管道焊接技术	（1）高寒区在役管道人工防腐补口施工技术； （2）冻土区管道回填与地貌恢复技术； （3）冻胀融沉防护技术； （4）高寒地区在役管道抢修技术
水网地区	水网地区阀室设置	（1）沼泽地区管道回填和地貌恢复技术； （2）水网地区管道漂浮穿越施工； （3）水网管道施工水土保持措施	（1）沼泽地区维抢修设备进场方案； （2）水下管道第三方破坏防护技术； （3）水网管道泄漏检测与评价准则； （4）水网管道专项应急预案
沙漠	—	（1）沙漠地段管道施工技术； （2）沙漠管道施工防沙固沙措施； （3）沙漠工程机械防护	（1）沙漠伴行路建设与维护方案； （2）沙漠站场防风技术

3. 比对分析

下面以高寒地区冻土开挖为例，说明微观比对分析的过程。

（1）国外标准（见表 6-2 和表 6-3）及要求。

表 6-2 国外冻土层开挖相关标准

序号	标准号	标准名称
1	РД 153-112-014—1997	石油产品干线输送管道事故和故障处理规程
2	РД-93.010.00-KTH-114—2007	干线输油管道建筑安装工程施工和验收规则
3	BCH 013—1988	永久冻结条件下的干线管道和开采管道工程
4	СП 107-34—1996	主要气体管道施工核心规则
5	СП 104-34—1996	天然气干线管道架构地下施工

表 6-3 国外标准冻土层开挖的条款内容

相关标准	标准规定
РД 153-112-014—1997《石油产品干线输送管道事故和故障处理规程》	4.4.18 开挖冻土，需要预先翻松。可以采用机械法翻松冻土。可以使用撬棍、铁锹、风镐翻松冻土。挖油坑时可以使用冲击机、悬挂碎土机、截割机等。 5.15 人工开挖冻土时，楔铁上要有夹持手柄。禁止手持楔铁
РД-93.010.00-KTH-114—2007《干线输油管道建筑安装工程施工和验收规则》	7.3.1 多年冻土上的土方工程应在冬季进行。施工的进行应确保土壤植被覆盖层、灌木和树木根系的完整性。在多年冻土中，管沟开挖方式应依据土壤的物理力学和低温性能及其冻结程度来选择。在选择管沟开挖方式时，应尽量减少管沟断面，以期缩小土地的破坏地带、降低劳动量和施工价格。 7.3.2 不允许在多年冻土和有侵蚀危险的地段（沟壑、河岸线）上进行挖沟。 为了避免管沟积雪和堆土场冻结，在冬季施工时，管沟开挖应在管沟的生产技术储备最低的情况下进行，且开挖速度应和绝缘敷设工程的速度保持一致。 7.3.3 在不含杂石的多年冻土上进行挖沟时，可使用轮斗式挖沟机。该方式应使用机械或钻探爆破方式在挖沟前进行土壤松动。其中机械松土适用于多年风干的冻土和风化有裂纹的岩石。 7.3.4 当使用爆破法松土时，爆破参数和单炮眼的装药量应在设计阶段确定，并通过试爆破来检查。其中爆破参数确定所参考的因素有：经济性、松土程度以及爆破点附近的设施安全性。爆破法采用的钻孔深度应为管沟深度的 110%～120%；钻孔直径为 76mm～110mm

表 6-3（续）

相关标准	标准规定
BCH 013—1988《永久冻结条件下的干线管道和开采管道工程》	6.5 冬季一般使用装备的连续运转来开挖沟槽，挖沟前没有经过预松土。如果某一个挖掘开口的截面无法达到要求，则建议使用差分开挖方法，即使用带有不同宽度的工作机件转动挖土机
СП 107-34—1996《主要气体管道施工核心规则》	第9页：结合多年冻土强度的参数制定压载管道的沟槽的开发技术方案，如钻探和爆破的结合使用方案。基于此开发一种生产能力高达 1.0m³ ~ 1.5m³ 的高性能单斗挖掘机进行沟槽的挖掘，并结合强大旋转式挖掘机制定沟槽的持续开发方法。 为了有效开发宽阔的沟槽，以在强度高达 40MPa 的永冻土中铺设直径 1420mm 的天然气管道，建议使用两台 ETR-307 型或 ETR-309 型强力旋转式挖掘机进行沟槽的开挖。第一台挖掘机用于挖掘出一条宽 1.2m 的狭缝，之后使用第二台挖掘机在此狭缝的基础上继续开挖，最终形成宽 3m 和深 3m 的沟槽
СП 104-34—1996《天然气干线管道架构地下施工》	根据永久冻土稳固性，联合方式可作为管道压载沟槽开挖技术方案，用于钻研爆破松土。之后使用铲斗容量达到 1m³ ~ 1.5m³ 的高性能单斗挖土机或强力旋转沟槽挖掘机开挖沟槽

（2）标准分析。

我国标准暂时没有针对冻土层开挖的相关规定。俄罗斯标准 РД 153-112-014—1997 要求在挖沟前必须进行松土，使用的工具包括撬棍、铁锹、风镐等。РД-93.010.00-KTH-114—2007 指出可使用机械法在挖沟前对冻土进行松土，机械松土适用于多年风干的冻土和风化有裂纹的岩石。并对管沟开挖的时节和开挖地点的选择等方面给出了相应的规定，多年冻土上的土方工程应在冬季进行。BCH 013—1988 要求冬季一般使用连续运转的装备开挖沟槽。在挖沟开口截面无法达到要求的情况下，建议使用差分开挖法。СП 104-34—1996 要求沟槽的开挖方案应结合多年冻土强度的参数制定，并且为了有效开发宽阔的沟槽，建议使用两台 ETR-307 型或 ETR-309 型强力旋转式挖掘机，要求采用联合方式作为开挖的技术方案，以确保永久冻土的稳固性。

4. 分析结果

国外标准在冻土层开挖方面的规定极为细致，且具备可操作性。建议我国标准在冻土层开挖器具、方法以及预先松土方法的选择等方面给予相应规定。要求在挖沟前必须进行松土，使用的工具包括撬棍、铁锹、风镐等。要求冬季一般使用连续运转的装备开挖沟槽。在挖沟开口截面无法达到要求的情况下，建议使用差分开挖法。

三、实践做法或案例比对

企业实践做法或案例包含对某一业务或问题所采取的措施、形成的经验等。通过对相似企业或相似问题的实践做法或案例分析，可达到少走弯路、有针对性地获取经验和教训，有效提升技术和管理水平的目的。企业实践做法或案例比对是油气管道标准比对的重要组成部分。近年来，对国内外大型企业实践做法和相似问题案例分析，表明管道企业在技术及标准化管理方面均需提升。下面对中俄东线天然气管道与国外相似工程案例进行比对分析，分析案例比对的过程以及对提升企业技术和管理水平的作用。

1. 比对标杆的确立

中俄天然气管道是我国首条长距离穿越高寒区和原始森林区的高钢级、大口径、高压力、大输量的输气管道，其设计管径为$\phi1012\text{mm} \sim \phi1422\text{mm}$，设计压力12/10MPa，采用X80级钢管。由于我国对大口径高钢级管道在高寒地区的建设与运营缺乏相应的经验和技术积累，因此有必要开展相似管道案例的比对，从而获得具有借鉴价值的成果。俄罗斯博瓦年科沃—乌赫塔管道（以下简称"博乌管道"）全长1074km，运行压力11.8MPa，采用K65（相当于X80级）级钢管，运行壁温度为$-20℃$，经调研分析，无论是技术规格还是运行条件，均与中俄东线天然气管道相似，故选定该管道为比对标杆。

2. 比对范畴

结合中俄东线天然气管道建设与运营中存在的主要问题以及目前我国的技术现状，分别从管道隔热与配重设计、高等级钢低温焊接、冻土区管道腐蚀防护和高寒地区管道巡线监护等方面对博乌管道工程开展了分析，以期获得高寒地区大口径、高压力、高钢级管道建设和运营的经验，从而为中俄东线天然气管道的建设和安全高效运营提供支持。

3. 比对分析

（1）管道隔热与配重设计

针对博乌管道虽大部分处于冻土区，但不同管段拥有着不同天然气运输温度的特点，为避免冻土区冻胀融沉对于管道运行产生影响，采用了以下设计方案：

对于运行温度为 -7℃ ~ -2℃ 的管段，管道的敷设未采用任何隔热措施。为防止融冻层的季节性融化期间发生管道上浮，在容易发生积水或沼泽化的管段处采用 PKBU-MK-1420 聚合物内衬配重，并在容易冻结至水底的水道处采用 UBO-1420 混凝土加重荷载进行配重。

对于运行温度为 -7℃ 的管段，为避免管线所在地由于低温天然气的影响而导致季节融化深度减少，则采用环形隔热材料对管道进行隔热，该材料是由挤塑式聚苯乙烯泡沫板制作而成。应用该种方法可阻断融冻层所产生的水流，切断水流导致的管线附近区域沼泽化和积涝现象。

目前我国在防止冻胀融沉对管道影响方面，并无可遵循的相关技术标准和统一的方法。

（2）高等级钢低温焊接

博乌管道在建设中遇到的一个重要问题就是需要确保现场焊接接头的可靠度，需要具备强度、硬度、金属的抗低温性和管道可焊性。为了消除现场焊接接头可靠度差的风险，对博乌管道做了一系列研究和质量测试，并针对 X80 级厚壁管道焊接建立了新的焊接技术和材料。

研究表明，X80 管线钢与 X65、X70 管线钢相比，焊接工艺的主要区别包括焊缝必须加热和后续退火，在管道直径足够大的情况下，应使用内部焊接系统，并将熔化极气体保护电弧焊（GMAW）作为焊接技术。在进行博乌管道焊接时，为了温度扩大补偿，在焊接工艺中采用了沿管道圆周四点同时焊接的方法。同时，焊缝、焊道使用 3mm ~ 3.3mm 的焊条，填充焊焊缝使用 4mm 的焊条，咬边焊与退火焊使用 2.6mm 焊条。使用的焊条牌号为 Nittetsu、KobelcoLB-52U、Pipeliner、Conarc、OK-46.001。

（3）冻土区管道腐蚀防护

对于冻土区管道腐蚀防护在国内相关标准中并无特殊的要求。针对不同的管道环境条件，博乌管道采用了不同的腐蚀防护策略。对于 -5℃ 的管壁温度下运营的天然气干线，在确认其不会受到杂散电流的影响情况下，则认为无需进行电化学保护，例如博乌管道部分管段（KP 20– 拜达拉次卡亚压缩机站、亚依次卡亚压缩机站 –KP 232）并没有采用电化学保护；对于其他管段，则可根据其最小保护电位值来进行电化学防腐保护。此外，由于在冻土区存在季节性融土和冰冻，土壤的电阻率会发生变化，因此用于保证管道正常电位的保护电流指标相应发生变化。基于这一认识，博乌管道还会针对不同的环境条件和季节变化，制定相应的防腐技术要求。

（4）高寒地区管道巡线监护

对高寒地区进行有效的巡线监护是保证安全管道的重要措施。目前，我国管道大多采用定期人工巡线的方式。而处于高寒地区的漠大原油管道，鉴于自然条件的恶劣性，曾采用租用直升机的方式进行空中巡线。博乌管道采用的主要巡线监护方式为无人机巡线，对人员无法接近的区域（如沼泽地、盐碱地等）进行巡护。同时对无人机拍摄的图片、视频的清晰度以及无人机的续航能力也提出了具体的要求。

4. 比对结果

（1）冻胀融沉防护设计

鉴于我国对冻土区冻胀融沉对于管道影响的防护措施并不统一，因而有必要借鉴博乌管道设计经验，依据管道沿线温度分布及地形环境的不同，分别制定相应的隔热及配重设计方案，并对 GB/T 50251《输气管道工程设计规范》和 GB/T 50253《输油管道工程设计规范》中的相关条款进行补充和完善。

（2）X80 高等级钢低温焊接要求

由于博乌管道在高等级钢低温焊接方面开展了较为深入的研究及实践，其形成焊接工艺方法的选择以及焊条型号选用等诸多技术成果均具有很好的借鉴价值，可为中俄管道工程的建设提供很好的参考。

（3）冻土区管道腐蚀防护

参照博乌管道的实践经验，对于冻土区管道而言，需根据沿线温度分布的不同采取不同的防腐措施。同时也需要针对不同季节土壤电阻率的变化，对保护电流的值做出动态调整，以确保腐蚀防护的有效性。

（4）高寒地区管道巡线监护

依据博乌管道运维经验并结合我国管道实际情况，宜采用无人机巡线为主，直升机和人工巡线为辅的管道巡线监护方式。

第七章　油气管道标准境外适用性理论

第一节　标准境外适用性评价研究现状

一、标准境外适用性评价研究现状

标准境外适用性评价是指一个标准在其所发布国家之外的国家或地区的适用程度。通过文献检索了解到，目前尚没有专门针对标准境外适用性评价的具体方法，标准境外适用性研究还处于起步阶段，相关研究方法还是空白。

如果将研究范围扩大，在相关的文献数据库中，对于"标准""适用性""评价"方面的论文也并不多，且主要集中在对标准技术内容的比对。从狭义上来讲，标准适用性评价是一种"预评价"过程。无论是针对标准的适用性评价，还是针对标准体系的适用性优选评价，其本质上均是对标准或标准体系在执行实施过程之前对其所具有的科学性和可行性进行相应的事先预测性综合评价。它区别于包括标准实施情况评价和实施效果评价在内的标准实施后评价，它属于实施标准"走出去"前的预评价。对标准评价已经公开发表的研究成果中，不同学者从不同的角度对标准进行评价，所采取的评价因素较为分散，有的对标准的适用性进行评价，有的对标准的社会效益进行评价，有的对标准的经济效益进行评价，有的对标准本身的质量进行评价。目前还未形成综合、系统性的标准评价体系，特别是针对油气管道和储运标准这个特定对象的标准评价体系。在经济效益评价方面虽然已经形成了一些指导文件，但大多是从整个国家角度评价标准化对国民经济所带来的效益，或微观层次即从企业角度评价标准带来的经济效益，而对介于宏观和微观之间的行业级或区域级（省、自治区或直辖市）标准带来的经济效益的分析研究还很匮乏。

刘碧松等提出标准体系适用性评价指标体系包括标准体系的系统性、协调性和完整性。其中系统性考察标准体系所针对的领域范围内的所有现行国家标准符合"结构清晰、功能明确、布局合理、满足对标准总体配置需求"的程度。协调性考察标准体系所针对的领域范围内的所有现行国家标准符合"各功能模块配合得当、各司其职，不存在交叉、重复、矛盾、不协调不配套等现象"的程度；完整性考察标准体系的相对完整性和可扩展性。其将上述评价指标分为 5 个等级，采用专家打分法对标准体系进行评价。

任冠华等对标准体系的适用性进行了评价，利用层次分析法和 Delphi 法建立标准适用性评价指标体系，一级指标包括标准的技术水平、标准的协调配套性、标准的结构和内容、标准的应用程度以及标准的作用；二级指标包含与我国生产水平相比的适用性，与相关标准的协调性和配套性、标准的结构合理性、标准的级别适宜性、标准的内容合理性和标准被引用情况等共 22 个（见图 7-1）。

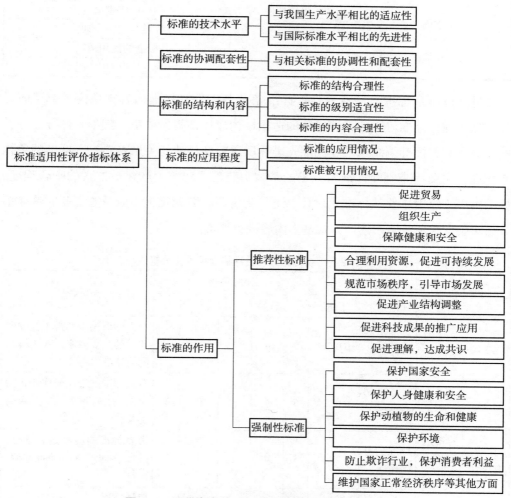

图 7-1 可供参考的"标准适用性评价指标体系"

张智博等使用专家咨询法建立了绿色建造标准对工业化建筑的适用性评估指标体系，一级指标主要有标准的实施状况、标准的全面性、标准的可操作性以及标

准被引用情况；二级指标主要有国家发展战略契合程度、工业化建筑的相关程度等
（见表 7-1）。

表 7-1　绿色建造标准对工业化建筑的适用性评估指标体系

	一级指标	二级指标
绿色建造标准对工业化建筑的适用性评估指标	标准的实施情况	国家发展战略契合程度
		工业化建筑的相关程度
	标准的全面性	国外发展趋势一致性
		与相关标准的协调性和配套性
	标准的可操作性	标准的结构合理性
		标准的级别适宜性
		标准的内容合理性
	标准被引用情况	标准的使用情况
		标准的应用情况

付光辉等从标准自身有效性、标准条款匹配性和标准内容支撑度 3 个层面展开，基于现行标准对于装配性建筑的适用性构建评估指标体系。其中，标准自身有效性主要考查标准编制水平、标准先进性以及标准的功能（见表 7-2）。标准的条款匹配性，主要用来判断标准所规定的条款与装配式建筑生产建造方式的吻合程度。标准内容支撑度主要从标准化设计、工厂化生产、装配化施工以及施工验收这 4 个方面对装配式建筑生产建造方式基本内容进行评价。

表 7-2　标准自身有效性评估指标及评分等级

目标层	准则层	指标层		评分等级					指标说明
		评估指标	权重	好	较好	一般	较差	差	
标准自身有效性	标准编制水平	标准内容完整性	0.0729	5	4	3	2	1	考查标准是否涵盖了标题所涉及的主要内容，是否有新的内容需要补充
		标准结构合理性	0.0729	5	4	3	2	1	考查标准的结构顺序是否需要调整，标准的内容是否需要整合
		标准的可操作性	0.2879	5	4	3	2	1	考查标准的内容是否清晰、准确合理，应用是否方便、可行
		标准的协调配套性	0.1662	5	4	3	2	1	协调性指标准与相关标准在主要内容上的相互协调、没有矛盾，配套性指标准与相关标准互相关联、能够配套使用

表 7-2（续）

目标层	准则层	指标层		评分等级					指标说明
		评估指标	权重	好	较好	一般	较差	差	
标准自身有效性	标准的先进性	标准的时效性	0.0286	5	4	3	2	1	考查标准是否与时俱进，可参考标准的标龄进行考察
		与国内生产水平的适应性	0.0857	5	4	3	2	1	考查标准所规定的技术内容与当前我国在该领域的主流或平均水平是否相适应
		标准的主导地位	0.0857	5	4	3	2	1	考查标准在使用过程中的地位如何，是否为工程实践中的主要参考和依据
	标准的功能	保障工程质量安全	0.1429	5	4	3	2	1	考查标准的实施是否有利于保障工程建设质量和生产活动安全
		节约资源保护环境	0.0286	5	4	3	2	1	考查标准在资源合理利用、保护环境等方面所起到的作用
		提高劳动生产效率	0.0286	5	4	3	2	1	考查标准的实施是否有助于提高劳动生产效率，促进生产方式的转变

　　刘今和苏义坤同样对现行标准对装配式建筑适用性评估指标体系进行了研究，主要从标准的实施情况以及标准所带来的经济效益和社会效益 3 个方面构建评估指标体系（见表 7-3）。

表 7-3　针对装配式建筑的标准适用性评估指标体系

一级指标	二级指标	三级指标	
现行标准对装配式建筑适用性评估	实施效果	C1	技术方法的合理性
		C2	覆盖范围的全面性
		C3	与装配式领域生产力水平的适应性
		C4	施工质量达标率
		C5	可控事故出现率
		C6	装配式建筑数量和质量的变化
		C7	符合当地工程建设水平
		C8	降低工程风险情况
		C9	引导和规范装配式建筑市场
		C10	促进装配式建筑的推广应用
		C11	标准更新的周期和频次

表 7-3（续）

一级指标	二级指标	三级指标	
现行标准对装配式建筑适用性评估	经济效果	C12	对开发商经济效益的影响
		C13	对建筑持有者经济效益的影响
		C14	对施工方法经济效益的影响
		C15	对设备制造者经济效益的影响
		C16	促进固定资产投资规模扩大
		C17	节约劳动力资本
	社会效果	C18	符合国际、国家标准及有关法律
		C19	与国民经济发展相适应原则
		C20	易于普及使用的程度
		C21	与相关标准的协调性和配套性
		C22	对标准匹配的技术革新状况
		C23	相关政策的完整性和执行数量
		C24	提高资源利用效率
		C25	对加强质量控制的作用

戚倩对智能配电网建设标准的适用性进行了研究，构建了评价指标体系，通过专家打分以及层次分析法确定指标权重。细分内容基于智能配电网建筑标准有所区分。5 个一级指标分别为标准的技术水平、标准的结构与内容、标准的协调配套性、标准的功能性以及标准的应用情况（见图 7-2）。

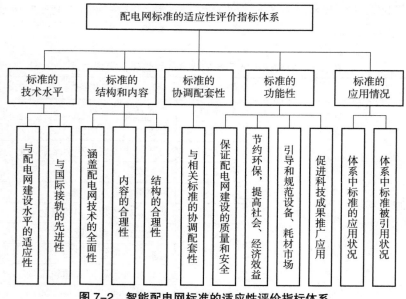

图 7-2　智能配电网标准的适应性评价指标体系

二、标准境外适用性评价的支撑作用

随着我国天然气消费量不断提高，对油气资源的消费不断加大，我国天然气产量与消费量之间的缺口越来越大，我国油气管道密度相较于欧美与国际仍有着较大的增长空间。目前天然气运输中，随着 LNG 运输船的发展，海运成为重要的天然气进出口的运输方式，但管道运输在境内天然气输送和进口中依然占据着主导地位。我国天然气资源分布不均，国内天然气产地大部分分布在西北、西南盆地，而消费地区主要集中在中东部，资源分布与消费的不匹配带来了天然气的运输需求，同时我国与俄罗斯加强了天然气贸易，与哈萨克斯坦等国共同开发油气资源，在天然气进口中对管道运输的需求在同步扩大。对天然气的需求与消费扩大，伴随着"一带一路"倡议的实施和我国能源结构的调整，势必要加快天然气管道的建设，形成密度较高的天然气管网，满足生产运输需求。

油气管道作为石油天然气行业的重要基础设施之一，属于国家重大装备的重要领域。其领域中相关行业交叉，从能源、安全、过程控制、管理等各个角度涉及的行业多、地区广、产业链长。由此可见，标准对于油气管道领域出现的行业交叉管理、应用，起到了非常重要的协调作用。

经济全球化的大背景下，深化国际油气合作，是"一带一路"建设的重要组成部分。油气管道作为推动实现设施联通，构建"一带一路"沿线国家和地区油气互联互通体系中的重要一环，在继续保持中国—中亚、中国—俄罗斯、中国—缅甸等跨国油气输送管道的安全、高效、平稳运营上起着重要作用。面对新的历史机遇，应加快由技术合作"走出去"带动油气管道标准"走出去"，提升标准水平，使中国标准在国际贸易、市场准入等方面发挥出更重要的作用。而通过建立一套可复制、可推广的标准境外适用性评价方法和指标体系，有助于规避或者降低标准在境外应用的风险，并且可以从海量的标准中筛选出适合在境外应用的标准，从而进一步根据评价得分和关键指标的提示获得该项标准境外应用的具体模式和方法，对于推进我国油气管道标准的境外应用具有重大意义。

第二节 油气管道标准适用性评价方法

一、评价分析方法

目前，评价方法种类较多，针对评价项目的目的、内容的不同，所采取的评价方法也会有所差异。评价结果也会因为评价方法的不同，有一定程度的差异。以下简单概述目前常用的评价方法。

1. 层次分析法（AHP）

层次分析法（Analytic Hierarchy Process，AHP）是美国运筹学家 T. L. Saaty 教授于 20 世纪 70 年代提出的一种实用的多方案或多目标的决策方法，是一种定性与定量相结合的决策分析方法。常被运用于多目标、多准则、多要素、多层次的非结构化的复杂决策问题，特别是战略决策问题，具有十分广泛的实用性。

用 AHP 法分析问题大体要经过以下 5 个步骤。如何构造矩阵，如何计算可参考相关 AHP 法的理论书籍。

（1）建立层次结构模型

在深入分析实际问题的基础上，将有关的各个因素按照不同属性自上而下地分解成若干层次，同一层的诸因素从属于上一层的因素或对上层因素有影响，同时又支配下一层的因素或受到下层因素的作用。最上层为目标层，通常只有 1 个因素，最下层通常为方案或对象层，中间可以有一层或几层，通常为准则层或指标层。当准则过多时（譬如多于 9 个）应进一步分解出子准则层。

（2）构造判断矩阵

从层次结构模型的第 2 层开始，对于从属于（或影响）上一层每个因素的同一层的各个因素，用成对比较法和 1~9 层比较尺度构造成对比较阵，直到最下层。

在确定各层次各因素之间的权重时，如果只是定性的结果，则常常不容易被别人接受，因而 Saaty 等人提出"一致矩阵法"，即不把所有因素放在一起比较，而是两两相互比较。

对比时采用相对尺度，以尽可能减少性质不同因素相互比较的困难，以提高准确度。

（3）层次单排序

所谓层次单排序是指，对于上一层某因素而言，本层次各因素的重要性的排序。

（4）判断矩阵的一致性检验

计算权向量并做一致性检验。对于每一个成对比较阵计算最大特征根及对应特征向量，利用一致性指标、随机一致性指标和一致性比率做一致性检验。若检验通过，特征向量（归一化后）即为权向量；若不通过，需重新构造成对比较阵。

所谓一致性是指判断思维的逻辑一致性。如当甲比丙是强烈重要，而乙比丙是稍微重要时，显然甲一定比乙重要。这就是判断思维的逻辑一致性，否则判断就会有矛盾。

（5）层次总排序

确定某层所有因素对于总目标相对重要性的排序权值过程。这一过程是从最高层到最底层依次进行的。对于最高层而言，其层次单排序的结果也就是总排序的结果。AHP 法的特点是在对复杂的决策问题的本质、影响因素及其内在关系等进行深入分析的基础上，利用较少的定量信息使决策的思维过程数学化，从而为多目标、多准则或无结构特性的复杂决策问题提供简便的决策方法。尤其适合对决策结果难于直接准确计量的场合。

2. 最优理想排序法（TOPSIS）

最优理想排序法（Technique for Order Preference by Similarity to an Ideal Solution，TOPSIS）是 C.L.Hwang 和 K.Yoon 于 1981 年首次提出，TOPSIS 法是根据有限个评价对象与理想化目标的接近程度进行排序的方法，是在现有的对象中进行相对优劣的评价。TOPSIS 法是一种逼近于理想解的排序法，该方法只要求各效用函数具有单调递增（或递减）性。TOPSIS 法是多目标决策分析中一种常用的有效方法，又称为优劣解距离法。

TOPSIS 法的基本原理，是通过检测评价对象与最优解、最劣解的距离来进行排序，若评价对象最靠近最优解同时又最远离最劣解，则为最佳，否则不为最优解。其中最优解的各指标值都达到各评价指标的最优值。最劣解的各指标值都达到各评价指标的最差值。

"理想解"和"负理想解"是 TOPSIS 法的两个基本概念。"理想解"是设想的最优的解（方案），它的各个属性值都达到各备选方案中的最好的值；"负理想解"

是设想的最劣的解（方案），它的各个属性值都达到各备选方案中的最坏的值。方案排序的规则是把各备选方案与理想解和负理想解做比较，若其中有一个方案最接近理想解，而同时又远离负理想解，则该方案是备选方案中最好的方案。

TOPSIS 法是一种理想目标相似性的顺序选优技术，在多目标决策分析中是一种非常有效的方法。它通过归一化后的数据规范化矩阵，找出多个目标中最优目标和最劣目标（分别用理想解和负理想解表示），分别计算各评价目标与理想解和负理想解的距离，获得各目标与理想解的贴近度，按理想解贴近度的大小排序，以此作为评价目标优劣的依据。贴近度取值为 0 ~ 1，该值愈接近 1，表示相应的评价目标越接近最优水平；反之，该值愈接近 0，表示评价目标越接近最劣水平。该方法已经在土地利用规划、物料选择评估、项目投资、医疗卫生等众多领域得到成功应用，明显提高了多目标决策分析的科学性、准确性和可操作性。

3. 灰色关联分析法

1982 年，邓聚龙教授创立的灰色系统理论，是一种研究少数据、贫信息不确定性问题的新方法。灰色系统理论以部分信息已知，部分信息未知的"小样本""贫信息"不确定性系统为研究对象，主要通过对"部分"已知信息的生成、开发，提取有价值的信息，实现对系统运行行为、正确描述演化规律的有效监控。至今，社会、经济、农业、工业、生态、生物等许多系统，是按照研究对象所属的领域和范围命名的，而灰色系统是按照颜色命名的。部分信息明确，部分信息不明确的系统称为灰色系统。

灰色关联分析作为一种技术方法，是分析系统中各因素关联程度的方法。作为一种数学理论，这种方法实质上是将无限收敛问题转化为近似收敛问题来研究；将无限空间问题转化为有限数列问题来解决；将连续的概念用离散的数据取代的一种分析方法。

目前，灰色关联分析理论的研究成果主要集中在计算模型和实际问题的应用两大方面。灰色关联分析方法在一定程度上排除人们的主观随意性，使过去凭经验和类比法等处理实际问题的传统做法转向数学化、科学化、人工智能化。基于这样的计算和分析，得出的结论比较全面、客观、公正，相应的决策也就比较正确、合理和有效。所以，作为灰色系统理论比较完善和成熟的一部分内容，目前应用甚是广泛。灰色关联分析的应用大致可以分为因素分析、综合评价、优势分析。

4. 鱼骨图分析法

鱼骨分析法，又叫因果分析法，是一种发现问题"根本原因"的分析方法。问题的特性总是受到一些因素的影响，通过头脑风暴找出这些因素，并将它们与特性值一起，按相互关联性整理而成，因其形状如鱼骨，所以叫鱼骨图。鱼骨图是一种发现问题"根本原因"的方法，它也可以称为"因果图"。鱼骨图主要用于工商管理中建立分析模型。其中头脑风暴法（Brain Storming，BS）是指一种通过集思广益、发挥团体智慧，从各种不同角度找出问题所有原因或构成要素的会议方法。BS有4大原则：严禁批评、自由奔放、多多益善、搭便车。

鱼骨分析法通常有3种类型：整理问题型鱼骨图（各要素与特性值间不存在因果关系，而是结构构成关系）；原因型鱼骨图（鱼头在右，特性值通常以"为什么……"来写）；对策型鱼骨图（鱼头在左，特性值通常以"如何提高/改善……"来写）。

分析步骤如下：

①针对问题点，选择层别方法（如人、机、料、法、环等）；

②按头脑风暴分别对各层别类别找出所有可能原因（因素）；

③将找出的各要素进行归类、整理，明确其从属关系；

④分析选取重要因素；

⑤检查各要素的描述方法，确保语法简明、意思明确。

绘图过程主要为：

①填写鱼头（以为什么不好的方式描述），画出主骨；

②画出大骨，填写大要因；

③画出中骨、小骨，填写中小要因；

④用特殊符号标识重要因素。

绘图时，应保证大骨与主骨成60°夹角，中骨与主骨平行。

使用具体步骤：

①查找要解决的问题；

②把问题写在鱼骨的头上；

③召集同事共同讨论问题出现的可能原因，尽可能多地找出问题；

④把相同的问题分组，在鱼骨上标出；

⑤根据不同问题征求大家的意见，总结出正确的原因；

⑥拿出任何一个问题，研究为什么会产生这样的问题；

⑦针对问题的答案再问为什么，这样至少深入 5 个层次（连续问 5 个问题）；

⑧当深入到第 5 个层次后，认为无法继续进行时，列出这些问题的原因，而后列出至少 20 个解决方法。

鱼骨图广泛运用于制造业，在制造业中应用在问题的分析上，主要从人、机、料、法、环几个方面进行总结，这样有利于全面地分析与探讨问题，最后找出问题的原因，解决并改善。

5. 德尔菲分析法

德尔菲法（Delphi Method）是在 20 世纪 40 年代由 O·赫尔姆和 N·达尔克首创，经过 T·J·戈登和兰德公司进一步发展而成的。德尔菲法，也称专家调查法，1946 年由美国兰德公司创始实行。该方法是由企业组成一个专门的预测机构，其中包括若干专家和企业预测组织者，按照规定的程序，背靠背地征询专家对未来市场的意见或者判断，然后进行预测的方法。

德尔菲法本质上是一种反馈匿名函询法。其大致流程是：在对所要预测的问题征得专家的意见之后，进行整理、归纳、统计，再匿名反馈给各专家，再次征求意见，再集中，再反馈，直至得到一致的意见。其过程可简单表示为：匿名征求专家意见—归纳、统计—匿名反馈—归纳、统计……若干轮后停止。

由此可见，德尔菲法是一种利用函询形式进行的集体匿名思想交流过程。它有 3 个明显区别于其他专家预测方法的特点，即：匿名性、反馈性、统计性回答。

（1）匿名性

因为采用这种方法时所有专家组成员不直接见面，只是通过函件交流，这样就可以消除权威的影响。这是该方法的主要特征。匿名是德尔菲法极其重要的特点，从事预测的专家彼此互不知道参加预测的其他人，他们是在完全匿名的情况下交流的。后来改进的德尔菲法允许专家开会进行专题讨论。

（2）反馈性

该方法需要经过 3 ~ 4 轮的信息反馈，在每次反馈中使调查组和专家组都可以进行深入研究，使得最终结果基本能够反映专家的基本想法和对信息的认识，所以结果较为客观、可信。小组成员的交流是通过回答组织者的问题来实现的，一般要经过若干轮反馈才能完成预测。

（3）统计性

最典型的小组预测结果是反映多数人的观点，少数派的观点至多概括地提及一下，但是这并没有表示出小组的不同意见的状况。而统计回答却不是这样，它报告1个中位数和2个四分点，其中一半落在2个四分点之内，一半落在2个四分点之外。这样，每种观点都包括在这样的统计中，避免了专家会议法只反映多数人观点的缺点。

在德尔菲法的实施过程中，始终有两方面的人在活动，一是预测的组织者，二是被选出来的专家。

德尔菲法是为了克服专家会议法的缺点而产生的一种专家预测方法。在预测过程中，专家彼此互不相识、互不往来，这就解决了在专家会议法中经常发生的专家们不能充分发表意见、权威人物的意见左右其他人的意见等弊端。各位专家能真正充分地发表自己的预测意见。

德尔菲法依据系统的程序，采用匿名发表意见的方式，即专家之间不得互相讨论，不发生横向联系，只能与调查人员发生联系，通过多轮次调查专家对问卷所提问题的看法，经过反复征询、归纳、修改，最后汇总成基本一致的专家意见，作为预测的结果。这种方法具有广泛的代表性，较为可靠。

德尔菲法是预测活动中的一项重要工具，在实际应用中通常可以划分为3个类型：经典型德尔菲法（classical）、策略型德尔菲法（policy）和决策型德尔菲法（decision Delph）。

德尔菲法的具体实施步骤如下：

①确定调查题目，拟定调查提纲，准备向专家提供的资料（包括预测目的、期限、调查表以及填写方法等）。

②组成专家小组。按照课题所需要的知识范围，确定专家。专家人数的多少，可根据预测课题的大小和涉及面的宽窄程度而定，一般不超过20人。

③向所有专家提出所要预测的问题及有关要求，并附上有关这个问题的所有背景材料，同时请专家提出还需要什么材料，然后由专家做书面答复。

④各个专家根据他们所收到的材料，提出自己的预测意见，并说明自己是怎样利用这些材料并提出预测值的。

⑤将各位专家第一次判断意见汇总，列成图表，进行对比，再分发给各位专家，让专家比较自己同他人的不同意见，修改自己的意见和判断。也可以把各位专

家的意见加以整理，或请身份更高的其他专家加以评论，然后把这些意见再分送给各位专家，以便他们参考后修改自己的意见。

⑥将所有专家的修改意见收集起来，汇总，再次分发给各位专家，以便做第二次修改。逐轮收集意见并为专家反馈信息是德尔菲法的主要环节。收集意见和信息反馈一般要经过三四轮。在向专家进行反馈的时候，只给出各种意见，但并不说明发表各种意见的专家的具体姓名。这一过程重复进行，直到每一个专家不再改变自己的意见为止。

⑦对专家的意见进行综合处理。德尔菲法最初诞生于科技领域，后来逐渐被应用于各种领域，如军事预测、人口预测、医疗保健预测、经营和需求预测、教育预测等。此外，还用来进行评价、决策、管理沟通和规划工作。

德尔菲法作为一种主观、定性的方法，不仅可以用于预测领域，而且可以广泛应用于各种评价指标体系的建立和具体指标的确定过程。

6. 模糊综合评价法

模糊综合评价法（fuzzy comprehensive evaluation method）是模糊数学中最基本的数学方法之一，该方法是以隶属度来描述模糊界限的，根据模糊数学的隶属度理论把定性评价转化为定量评价，即用模糊数学对受到多种因素制约的事物或对象做出一个总体的评价。它具有结果清晰、系统性强的特点，能较好地解决模糊的、难以量化的问题，适合各种非确定性问题的解决。

模糊集合理论（fuzzy sets）的概念于 1965 年由美国自动控制专家查德（L.A. Zadeh）教授提出，用来表达事物的不确定性。

模糊综合评价法的最显著特点是：以最优的评价因素值为基准，其评价值为 1；其余欠优的评价因素依据欠优的程度得到相应的评价值。

函数关系：可以依据各类评价因素的特征，确定评价值与评价因素值之间的函数关系（隶属度函数）。确定这种函数关系有很多种方法，例如，F 统计方法，各种类型的 F 分布等。当然，也可以请有经验的评标专家进行评价，直接给出评价值。

主要步骤：

①模糊综合评价指标的构建。模糊综合评价指标体系是进行综合评价的基础，评价指标的选取是否适宜，将直接影响综合评价的准确性。进行评价指标的构建应广泛涉猎与该评价指标体系相关的行业资料或者法律法规。

②构建权重向量。通过专家经验法或者 AHP 层次分析法构建好权重向量。

③构建评价矩阵。建立适合的隶属函数从而构建好评价矩阵。

④评价矩阵和权重的合成。采用适合的合成因子对其进行合成，并对结果向量进行解释。

由于评价因素的复杂性、评价对象的层次性、评价标准中存在的模糊性以及评价影响因素的模糊性或不确定性、定性指标难以定量化等一系列问题，使得人们难以用绝对的"非此即彼"来准确地描述客观现实，经常存在着"亦此亦彼"的模糊现象，其描述也多用自然语言来表达，而自然语言最大的特点是它的模糊性，而这种模糊性很难用经典数学模型加以统一度量。因此，建立在模糊集合基础上的模糊综合评判方法，从多个指标对被评价事物隶属等级状况进行综合性评判，它把被评判事物的变化区间做出划分：一方面可以顾及对象的层次性，使得评价标准、影响因素的模糊性得以体现；另一方面在评价中又可以充分发挥人的经验，使评价结果更客观，符合实际情况。模糊综合评判可以做到定性和定量因素相结合，扩大信息量，使评价数量得以提高，评价结论可信。

传统的综合评价方法很多，应用也较为广泛，但是没有一种方法能够适合各种场所，解决所有问题，每一种方法都有其侧重点和主要应用领域。如果要解决新的领域内产生的新问题，模糊综合法显然更为合适。

模糊评价法奠基于模糊数学。模糊数学诞生于 1965 年。20 世纪 80 年代后期，日本将模糊技术应用于机器人、过程控制、地铁机车、交通管理、故障诊断、医疗诊断、声音识别、图像处理、市场预测等众多领域。模糊理论及模糊法在日本的应用和巨大的市场前景，给西方企业界带来很大的震动，在学术界也得到了普遍的认同。

国内对于模糊数学及模糊综合评价法的研究起步相对较晚，但在近些年在各个领域（如医学、建筑业、环境质量监督、水利等）的应用也已初显成效。

二、评价指标确定方法

评价指标方法可分为定性评判法与定量评判法。为了更准确地评价标准，一般不只是采用一种方法，而是根据需要，采取多种方法，进行更科学的综合性评价，避免主观因素影响评价结果。

定性评判法指评判者根据自己的专业知识，对目标标准的全文审阅后做出印象质量判定。这种判定需要高层次及全面知识的支持和客观的心态保证，可延伸到对标准制定过程的全面了解。

定量评判法指根据标准制定要求、实践结果及过程质量控制点的行为效果，提前确定一系列量化指标并予以测定量值，再借助于某些工具进行运算判定。

1. 定性评判法

定性评判法根据评价对象和评价内容，通常可分为以下 4 类。

（1）印象评价法。对标准整体理解、分析与归纳后，得出总体印象的评价结论。该方法至少需要 5 人才能完成，一般以 5~11 人为宜。评判等级一般分优、良、中、差 4 个等级，评判时还要求做出文字性理由申述。印象评判法准确程度与评判者的水平有关。

（2）定性指标评判法。事先根据拟评判标准的特性，提出选择的条目，并对每个条目锁定条件进行评判。开放对条目的限制，允许提出另外条目。此法可用于一项标准，也可用于标准内的某一条，亦可用于对某一体系的评判。

（3）讨论归纳法。约定目标人员，通过圆桌会议答辩方法讨论，在讨论中，标准制定者有义务回答质疑。

（4）应用感受法。标准使用者对应用体会之后的总体评价。在应用地区，抽取 30 人以上的参与人员，对标准的使用体会进行评价。这种方法可结合"定性指标评判法"进行。

2. 定量评判法

定量评判法根据评价对象和评价内容，通常可分为以下 4 类。

（1）比较法。比较法是评价标准质量的最基本方法，在评价产品标准和分析检验方法标准中常常被采用。最常用的是将标准样与测试样进行比较，或者将已知的好的做法或者标准与待评价的标准进行比较。

（2）验证法。对标准中的量化指标、可疑性条目，通过一定手段加以验证（如实验、测试），以确定其可靠性与重复性。

（3）案例法。选取若干个标准进行案例分析，完成对指标体系的评估打分等。

（4）综合评判法。以数字工具为基础的量化评价过程，注重标准的整体性和系统性评价。具体方法主要有模糊评判法、线性代数法、灰色分析法、贡献率法（主成分）、因子分析法等。

第三节　油气管道标准境外适用性评价指标体系的构建

一、指标体系的设置原则

指标体系的设置，重点考虑体现科学性、普适性、可操作性、简洁性等原则。

科学性，即指标体系的构建，要体现理论与实践相结合以及所采用的方法科学、合理的原则。在理论上站得住脚，又能反映评价对象的客观情况。

普适性，即指标要能覆盖各行业的各类标准境外应用的评价，涵盖评价标准境外应用适用性评价的各类因素，面对不同类型、不同标准化对象的标准，该指标体系都能够覆盖其关注的各类因素。

可操作性，指标体系要实用、可行，在测评时可操作性强，便于评分。具体来说，一是指标要简化，方法要简便；二是必须考虑其指标值的测量和数据搜集工作的可行性。

简洁性，是指根据指标体系评价得到的结果，简洁易懂，不宜太复杂。比较好的实现方式是综合各种因素给出一个总体评价的得分，易懂且可比性强。

二、指标体系的组成

指标体系由 5 个一级指标，16 个二级指标，25 个三级指标组成。

根据前期文献检索、调研和走访得到的启示，标准境外适用性评价指标体系应包括"重大风险因素""政策因素""技术因素""经济因素""社会效益、生态效益因素"等。所以，标准境外适用性评价指标体系包括 5 个一级指标（见图 7-3 ）。

在各个一级指标之下，再根据实际情况，设置相应数量的二级指标和三级指标（具体参见丛书的《油气管道标准适用性评价理论与实践》分册），且在每一个三级指标之下，为了便于评价人员操作，提出了 48 个"考虑的因素"，供评价人员评判打分时参考，评判人员可以依据这些考虑因素的具体情况，综合判断后对某个三级指标进行评价打分。

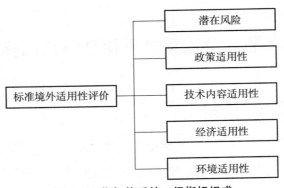

图7-3 指标体系的一级指标组成

三、评价指标权重的确定

为了实现本指标体系简洁性的原则，通过设置各指标权重，并形成某项标准应用于某个国家的整体适用性评价得分，来判断其境外应用适用性的程度。各指标在整个体系中的地位决定了其在指标体系中的权重，这也是最后综合衡量某项标准输出到某个国家的适用性评价的重要依据。

结合文献检索及调研的实际情况来判断，认为现实中国标准境外应用面临的各种困难，最主要是存在于目标国在政策方面的障碍，所以，第2个一级指标"政策适用性"在指标体系中发挥较大的作用，应赋予一个较大的权重。技术因素（即第3个一级指标"技术内容适用性"）是反映标准技术水平的重要因素，在指标体系中应该也占较大的比重，其权重值可以适当提高。在这2个因素之外，标准能带来的经济效益（即第4个一级指标"经济适用性"）和环境效益（即第5个一级指标"环境适用性"）对标准能否成功境外应用也能发挥一定的作用。

对于第1个一级指标"潜在风险"，认为一旦出现以下所列的风险，往往对于标准境外应用能起到否定作用，例如一旦我国标准与目标国的法律法规差异性较大，则该标准即便在其他各一级指标得分较高的情况下，也几乎不可能输出到目标国。这种情况下，如果权重值定得低，当确实存在风险时，如果其他一级指标得分较高，则可能出现某标准输出到某个国家的适用性并不低的结果，显然与实际情况不符；如果权重值定得高，当不存在风险时，又拉高了整体境外应用的适用性。故建议将"潜在风险"这个一级指标作为否决项，不参与整个指标体系权重的配置，一旦这个一级指标下出现重大风险的情况，则判定该标准输出到某个国家的适用性为0。这样既体现了该一级指标的重要程度，又不至于给整个体系的评价带来偏差。

当前对标准境外适用性评价，尚未发现有已经开展的研究工作和已经形成的具体方法，因此，只能根据前面的研究方法比选的结果，借鉴相关评价方法，形成一套新的标准境外适用性评价方法。指标体系在构建的过程中，综合运用了层次分析法、德尔菲分析法、专家调查权重法和模糊综合评价法相结合的方法。

具体来说，在构建指标体系的层级时，运用了层次分析法的一些思维，对影响适用性评价的各个因素进行了分层、分类，以形成体系。

在适用性评价指标体系确认后，邀请10位来自石油行业的专家，参考相关基础资料并结合专家本人对石油领域的了解，独立完成对一级指标、二级指标和三级指标的权重的打分。在收集齐10位专家的打分结果之后，运用加权平均计算方法，计算并确定指标体系的各级指标所占的权重值，形成包含指标和各指标权重的完整的指标体系。

在筛选各评价因素的过程中，运用了德尔菲分析法、头脑风暴法，广泛听取各行业、各专家的意见，综合了各方的观点，收集、汇总形成评价指标体系中的各影响因素。在形成指标体系架构后，对指标体系各组成部分赋权重的过程中，充分运用了德尔菲分析法和专家调查权重法，组织油气管道领域以及标准化领域的相关专家，根据所提供的资料以及专家的判断，对指标体系各组成部分进行权重赋值。在确定各三级指标评分办法的时候，考虑一些指标的评价结果属于定性结果，为了便于最后形成标准境外应用适用性评价的总体得分，运用了模糊综合评价法，对各指标的打分标准进行了规范。

第四节　油气管道标准境外应用模式

一、标准境外应用的模式

目前中国标准境外应用大致有以下6种模式：

（1）制定国际标准

由中国的机构或企业主导（或牵头）制定国际标准。适用国家：南非、欧美等发达国家（英法德等），采用国际标准采标率高的行业/领域适用。

（2）采用中国标准

其他国家直接等同或修改采用中国标准；示范区建设及相关产品生产使用中国标准，等同采用或以我国标准为主制定其国内标准。适用国家：中亚、东盟、非洲等发展中国家，如蒙古国、哈萨克斯坦、土库曼斯坦、埃塞俄比亚等。适用于农业、机械、铁路（高铁）、核电等我国优势领域。

（3）标准互认

双边针对具体领域具有一致性的标准进行互相认可。适用国家：法国、英国、德国、俄罗斯、南非等。适用于卫星、飞机、核电、家电等领域。

（4）联合制定标准

由中国主导，联合领域内多个国家或组织，以中国技术或中国标准为主共同制定一项标准。适用国家：俄罗斯、南非、印度等。适用于卫星、飞机、核电等领域。

（5）参考中国标准关键技术指标

中国标准的主要技术内容被国外标准引用，中国标准的核心技术指标被国外标准引用。适用地区及国家：中亚、东盟、非洲、蒙古国、哈萨克斯坦、土库曼斯坦、埃塞俄比亚等。适用于农业、机械、铁路（高铁）、核电等我国优势领域。

（6）成为事实标准

我国境外投资的跨国企业，在产品、零部件或配件采购、检测中使用中国标准。适用国家：中亚、东盟、非洲等发展中国家，如巴基斯坦、埃塞俄比亚、菲律宾等。适用于农业、机械、铁路（高铁）、核电等我国优势领域。

这6种标准境外应用的模式，各有其特点，其适用的情况也各不相同。结合所构建的标准境外适用性评价指标体系，某项标准在不同指标下得分的不同，会影响其以何种形式走出去。

二、标准境外应用模式的判断方法

在具体操作中，考虑到不同专家评价时可能会产生的偏差情况。建议当某项标准的所有三级指标（20项）有75%以上的指标（即15项以上）符合某种境外应用模式时，即可考虑该标准采取这种应用模式。

各种境外应用模式在指标体系中有关键指标可作为参考：

（1）制定国际标准

由于制定国际标准有明确的规则，只要符合其立项和制定的程序要求，其路径是通畅的，所以制定国际标准这种境外应用的模式，在单纯制定国际标准这一阶段来说，对目标国政策的要求相对弱，对目标国与我国关系的要求也相对弱（仅在将国际标准引入到目标国时需要考虑上述因素），经济和环境因素方面只要各投票国不反对，影响也不大。这种模式对于技术水平和技术协调水平的要求是比较高的。当我国标准的技术水平很高，在国际上处于领先地位时，可以优先考虑采取制定国际标准的模式。

（2）采用中国标准

采用中国标准，首先要求中国标准的技术水平不低于目标国的水平，其次，很重要的一点，目标国从政策因素上来说对中国标准比较容易接受，另外，其他各项指标的值也不能够低，都在一定的水平以上。

（3）标准互认

标准互认，更多的是在国家或者战略层面所确定，往往有明确的标准互认协议作为支撑。同时，在与已经和我国签订有标准互认协议的国家中，也存在虽然有互认协议支撑，但是某些标准境外应用仍然不通畅的情况，这里反映标准的技术水平、经济、环境因素对于"标准互认"这种模式还是有一些影响。

（4）联合制定标准

联合制定标准，相对于"采用中国标准""标准互认"模式，在政策因素方面的要求略微低一些，但在技术、经济、环境等方面的要求基本平齐。当采取"采用中国标准"或"标准互认"的模式存在短板时，可以考虑采用"联合制定标准"模式。

（5）参考中国标准关键技术指标

参考中国标准关键技术指标，相对于"联合制定标准"这种模式，在政策因素方面的要求更低，遇到的阻力也更小。当采取"采用中国标准""标准互认""联合制定标准"都行不通时，可以考虑采用"参考中国标准关键技术指标"模式。

（6）成为事实标准

成为事实标准，也是标准境外应用的一种模式，当中方在当地的企业投资中占优势地位时，中方的话语权较大，可以在原材料采购、设备采购、生产工艺的选择等方面选用中国的标准，从而突破政策因素的障碍，形成事实使用中国标准的情况。

对于 6 种境外应用的模式，"制定国际标准"对标准技术水平的要求，相比其他 5 种模式要求要高，但其对政策因素的要求不高。其他 5 种模式，有一定的关联性，它们对政策因素都有一定的要求，且从政策因素考虑，难易程度按"采用中国标准""标准互认""联合制定标准""参考中国标准关键技术指标""成为事实标准"逐渐降低。相对而言，"采用中国标准""标准互认""联合制定标准"比"参考中国标准关键技术指标""成为事实标准"的模式难。且这 5 种模式中，需要结合目标国的实际情况，根据油气管道标准境外适用性评价打分结果，逐一对比，才能得出境外应用的模式和途径。对于可以"走出去"的标准，若有多个境外应用的模式，还需要进一步结合境外应用的便利性、可操作性和易实现性，甄选境外应用的模式。

对于某些暂时境外适用性不高的标准，但因为潜在可能成为事实标准或者因为产业应用前景大，也可采取除上述 6 种模式以外的过渡模式，如，对于我国有自主知识产权，科技含量较高，国内应用好的标准，但目标国存在政策障碍或认知差异，暂时不接受我国标准的，先通过输出产品扩大目标国市场需求的方式，输出技术，提升对我国标准的需求度，进而为下一步标准境外应用做准备。

该章内容将在丛书的《油气管道标准适用性评价理论与实践》分册中详细阐述。

第八章 油气管道国际及国外先进标准培育技术

第一节 标准国际化的意义与趋势

一、标准国际化的意义

标准是人类文明进步的成果，标准助推创新发展，标准引领时代进步。伴随着经济全球化深入发展，标准化在便利经贸往来、支撑产业发展、促进科技进步、规范社会治理中的作用日益凸显。

国际标准已成为世界"通用语言"，是全球治理体系和经贸合作发展的重要技术基础。世界需要标准协同发展，标准促进世界互联互通。特别是世界贸易组织《技术性贸易壁垒协定》（WTO/TBT）及《实施卫生与植物卫生措施协定》（WTO/SPS）的签署，要求各成员在制定技术法规、标准和合格评定程序以及卫生检疫措施时，应以国际标准为基础，这极大地推动了国际标准在世界范围内的应用。

1. 国际标准成为建立市场秩序、发展国际贸易的重要手段

贸易自由化要求打破一切形形色色的贸易障碍，建立起有利于商品和服务在全球自由流通，生产资源优化配置，保证公平、公正、高效地开展贸易活动的国际市场新秩序。国际标准为国际贸易提供了统一的技术语言，它规范了产品生产和销售，保证了在国际市场流通的商品符合最基本的质量要求；它严格了市场准入制度，有效防止了破坏市场秩序的欺诈行为，保护了生产者及消费者权益；它减少了贸易壁垒，提高了商品流通速度，增强了市场运营效率。

2. 国际标准为人类的安全和健康提供保障

科技迅猛发展，新材料、新工艺、新产品大量涌现，影响人类安全、健康的因素也大量增加，对人类构成新的威胁。无论是食品安全、消费品安全、电气安全、设备安全、劳动安全还是公共安全等，都要求制定标准予以保障。这类标准往往成为各国制定技术法规的依据。这些标准的实施，均有助于按照预防为主的原则进行安全管理，减少安全隐患，从而保障消费者及劳动者的安全和健康。

3. 国际标准加强了环境保护，促进人类社会可持续发展

合理利用资源、节约能源、保护环境备受国际社会的关注。从20世纪70年代起，ISO 就开始制定环境领域的基础标准和测试方法标准，特别是1996年以来，先后发布ISO 14000环境管理体系系列标准，基于此实施的环境管理体系认证和环境标志制度，迅速在全世界推广。ISO 14000系列标准以及其他环境保护标准，要求从根本上改变以消耗资源和能源、污染环境为代价的粗放式的经济发展模式，要求以预防为主，对全过程进行控制，并对产品整个生命周期进行评价，以降低或消除对环境的污染，促进人类社会可持续发展。

4. 国际标准推动信息化和经济全球化

信息时代，没有国际通用的标准，就无法做到全球信息交流与共享。当前，日益发展的跨国电子商务、网络经济，需要电子数据交换和产品编码等国际标准的支持。国际标准作为信息社会技术结构的基础、控制信息流的工具和信息的存储库，推动着信息社会的发展。

经济全球化把标准的国际化提到前所未有的高度，而标准的国际化又为顺利开展国际经济贸易交流提供了不可或缺的条件，促进了商品和服务在全球范围内的自由流通和生产的优化配置，推动了经济全球化的发展。

鉴于国际标准的重要作用，国家积极推动标准国际化工作，推进中国标准与国外标准间的转化运用，包括加快推进与主要贸易国之间的标准互认，加强与国外标准机构共同制定标准的合作；加强中国标准外文版翻译出版工作，推进优势、特色领域标准国际化和海外应用；开展中国标准海外应用示范，结合海外工程承包、重大装备设备出口和对外援建，推广中国标准，创建中国标准品牌，以中国标准"走出去"带动我国产品、技术、装备、服务"走出去"；加强国内外标准化工作的交流互鉴。企业参与标准国际化活动将从多方面获益，主要表现在：

（1）有机会主导起草国际标准，直接参与国际标准的起草工作组的工作，将企业的技术创新成果纳入国际标准，引导国际技术的发展，使企业科技成果产业化、国际化，提高企业的声誉和国际竞争力。

（2）对需要制定的国际标准、制修订中的国际标准以及实施中的国际标准，及时提出意见和提出议案，反映企业的意见和国家的要求，争取将意见和要求纳入国际标准，以维护我国企业和国家的利益。

（3）参加国际标准的技术会议，获得大量有关国际标准制定、技术发展动向的

资料，有利于企业产品的发展和技术的创新。

（4）结识技术专家，特别是本行业的国际专家，有利于企业加强国际交流合作和业务拓展以及企业提高技术水平和管理水平。

二、发达国家标准国际化战略与发展趋势

1. 发达国家标准国际化战略

标准国际化已经成为当今世界的主流。发达国家将标准国际化战略放在整个标准化发展战略的突出位置，积极参与标准国际化工作，将争夺国际标准主导权作为国家战略选择。

2001 年 7 月欧洲委员会发布了《国际标准化的欧洲政策原则》。1998 年 10 月，欧洲标准化委员会（CEN）和欧洲电工标准化委员会（CENELEC）都发布了标准化战略。战略的核心是：建立强大的欧洲标准化体系，充分利用与 ISO、IEC 签订的合作协定，对标准国际化产生更大的影响，控制国际标准的制高点。可以说这是控制型战略。

在美国，政府专门设立了与企业的标准化圆桌会议，建立政府与产业联络机制，形成了政府强有力支持企业参与标准国际化活动的机制。2000 年 8 月，美国制定了《美国国家标准战略》。战略的核心是：加大美国参加标准国际化活动的力度，使国际标准反映美国技术，承担更多的 ISO、IEC/TC、SC 秘书处，控制并争夺国际标准制高点；推进标准与科学技术发展相适应，提高标准化的创造力和有效性，增强美国的国际竞争力。可以说这是控制型、争夺型战略。

日本则成立了战略本部，由首相担任部长，亲自主持制定日本国际标准综合战略。2001 年 9 月，日本经济产业省工业标准调查会发布了《日本标准化战略》。该战略的核心是：加强标准国际化活动，特别是加强产业界参加标准国际化活动的力度，建立适应标准国际化活动的技术标准体系，争夺重点领域国际标准的制高点。可以说这是重点争夺型战略。

总体来看，各国对标准国际化发展的要求虽互有差别，但共同点十分明显，即具有强烈的时代感，并且从国家层面日益重视，体现了各国的标准国际化工作由工业化时代向经济全球化时代进行重大转移的战略思想，主要表现在：

（1）将标准国际化战略放在整个标准化发展战略的突出位置，积极参与标准国际化工作；

（2）将争夺标准国际主导权作为国家战略选择；

（3）政府财政支持与标准经费市场化运作有机结合；

（4）与现行的或潜在的参与者建立伙伴和战略联盟关系；

（5）统一协调标准化政策和科技开发政策；

（6）战略实施中将重点放在与社会生活相关的领域；

（7）重视新型国际标准人才的培养。

2. 标准国际化的发展趋势

（1）标准趋同是当前的总趋势，国际标准组织影响力不断增强

在 WTO 框架下，大大增加了对标准国际化的迫切需求，促进了标准的全球趋同，同时加大了标准国际化的地位和国际标准的作用，提高了各国参与标准国际化活动的积极性和责任感。各地区和各国均制定相应的标准化发展战略，例如欧洲标准化机构 CEN 和 CENELEC 分别与 ISO 和 IEC 签署协议，确定国际标准优先原则，尽量采用现有国际标准作为欧洲标准；美国也在加大参与标准国际化活动的力度，以谋求国际标准与本国标准的一致性或相互协调。

国际标准组织影响力在未来也将不断增强。一方面表现在国际标准成为了国际贸易和市场准入的基础和必要条件，标准的制定、推广以及相关利益的协调都需要在国际标准组织的框架内展开。一项标准在全球范围内的使用和推广，意味着在全球范围内影响相关技术和产业的发展。另一方面表现在国际标准组织成员不断扩大，成员国经济总量和人口分别占世界经济总量的 98% 和世界总人口的 97%。

（2）标准化领域不断扩大，重点逐渐转移

国际标准已从传统制造业扩大到高新技术产业、服务业和社会管理等领域，例如新能源、新材料，低碳技术、金融风险和社会责任等。国际标准高度关注全球经济活动中具有巨大市场潜力和利益增长点的战略性新兴产业技术发展，特别是在高新技术领域，突破了在传统工业领域中先有成熟技术和广泛应用，再制定标准的模式，出现标准引领产业和技术发展的新态势。国际标准出现了超越传统经贸领域和产业范畴的新趋势，在社会责任、可持续发展、公共安全等领域制定国际标准，深刻影响各国政治、经济和社会发展。

（3）国际标准数量不断增加、更新速度不断加快

标准国际化的作用加大、领域拓宽，必然要求国际标准的数量不断增多。同时，为适应国际贸易和科技交流对国际标准的需要，国际标准组织不断探索加快标

准制定的程序和方法，使国际标准数量增长的同时，标准制定、修订的速度也不断加快。目前，一项 ISO 标准的制定时间缩减至 36 个月。

（4）国际标准与知识产权相结合

在高新技术领域，知识产权（主要是技术专利）往往与标准相结合，从而增强企业的竞争能力。国际标准涉及面广，权威性高，一旦将专利纳入国际标准，将使拥有知识产权的企业获取巨大效益。

三、中国油气管道标准国际化现状

1. 跟踪与采用

近年来，我国也日益重视标准国际化工作，积极推进我国技术标准在重点国家和地区的推广应用，并努力加强标准国际化方面的交流合作。中国石油集团公司在油气管道标准国际化方面话语权由从无到有，取得了丰厚的成果。

在国际标准跟踪方面：持续开展了对国际标准化组织（ISO）、美国腐蚀工程师协会（NACE）、美国机械工程师协会（ASME）、美国材料与试验协会（ASTM）、美国石油学会（API）、美国国家消防协会（NFPA）、美国保险商实验室（UL）、美国电气电子工程师学会（IEEE）、美国仪表学会（ISA）、美国焊接协会（AWS）、美国水行业协会（AWWA）、美国阀门及管件制造商标准化协会（MSS）、加拿大标准协会（CSA）、澳大利亚管道工业协会（APIA）、澳大利亚标准协会（SA）、欧洲标准化委员会（CEN）、英国标准协会（BSI）、德国标准化学会（DIN）、法国标准化协会（AFNOR）、日本工业标准委员会（JISC）等 20 余个国外标准化组织发布标准的跟踪和分析研究工作，跟踪与油气管道密切相关的国际标准达 3000 余项。

2. 设想与领域

油气管道标准国际化工作目前仍处于起步阶段，可以说是机遇与挑战并存。建议依托油气管道科研攻关成果和建设与运行经验，强化优势领域，把握技术趋势，着力培育我国具有国际领先优势和创新的技术标准，同时，全面总结标准国际化工作的成果和经验，超前谋划部署，高瞻远瞩，进一步提升整个石油行业标准国际化工作。

（1）紧密跟踪国际标准发展趋势，着力培育油气管道重点和热点领域具有优势和创新的技术标准

继续坚持定性和定量的分析油气管道领域国际发展现状和趋势，紧密跟踪研究油

气管道腐蚀与防护、管道完整性管理、管道输送系统、管道安全等重点、热点与难点技术和标准，对我国具有国际领先优势和创新的油气管道缺陷检测评价、完整性管理、原油输送工艺、减阻增输、纳米降凝、腐蚀防护等技术标准进行着力培育，结合科技中心承担的油气管道领域重点科研项目，如天然气管网可靠性管理项目、管道安全预警技术研究项目等，积极推进重点领域的科研和标准化建设成果向国际标准转化。

（2）积极争取重点领域国际标准的立项，稳步推进所承担的国际标准研制工作

分析现有国际标准体系的空白和不足，掌握国际和国外标准化组织制定标准的方法与路径，找准切入点，依托重点培育的标准，有针对性地发起、完成 ISO、ASTM、ASME 等标准化组织高质量的标准提案，促进立项。在国际标准立项成功后，一方面，组建强有力的国内专家作为支撑团队，另一方面，充分吸纳愿意加入标准研制的其他"一带一路"成员国专家，形成合力，按期高质量地完成所承担的国际标准研制工作，符合国际大环境需求并协商一致，从而实现国际标准制定的重点突破，提升我国在油气管道国际标准领域的话语权。

（3）积极推进我国技术标准在"一带一路"国家的推广应用，促进合作交流

继 2016 年中国石油天然气集团公司与俄罗斯天然气工业股份公司签署了《中国石油与俄气公司标准及合格评定结果互认合作协议》和《中国石油与俄气公司开展天然气发动机燃料领域可行性研究合作的谅解备忘录》之后，我国不断探索与境外国家的多边合作机制运作模式；尤其加强与俄罗斯以及中亚国家标准化交流合作，有步骤地签署标准化合作协议，建立合作机制；加强主要项目国家和地区标准信息的跟踪、收集和研究；深化与国家标准化管理委员会等部门的协作，充分发挥企业和政府的积极性。

3. 立项与专家支撑

以成为油气管道领域国际及国外重点标准化组织的关键参与者为愿景，鼓励、指导、协调和组织技术专家积极参与国际及国外重点标准化组织的活动和国际标准制修订工作，推动标准国际化人才的培养与储备，持续提高我国在油气管道领域的国际影响力和话语权，不断提升软实力。

（1）组织专家积极参与国际标准组织的工作及活动

依托激励和保障机制，充分调动专家积极性，根据其专业特长，做好向国际标准组织的推荐工作，同时积极争取让我国优秀标准化人才承担国际及国外先进标准化组织、技术委员会、分技术委员会或者工作组领导、秘书处、召集人或者联络人

等职务，敢于表达观点，有所作为，主动参与国际组织决策工作，实现国际标准舞台上中国专家由观众到主角的转变。

（2）持续开展国内外标准对标采标工作

对于我国油气管道领域技术力量薄弱环节，例如在高寒冻土区管道运行与维护、工艺优化运行与控制、管道维抢修、人员防护、环境保护等方面，积极推进国际和国外先进标准的对标工作，加强与国外先进的标准化组织交流沟通，借鉴国外先进的企业最佳实践做法，以"学习"和"比较"为导向，将国外先进技术要求和国际标准引进来，并应用于现场生产实践，从而进一步提升我国技术标准水平。

（3）建立标准国际化人才培养与储备机制和标准国际化人才体系

建立标准国际化人才培养和储备机制，克服现有机制弊端，为有志于从事标准国际化研究的科研人员提供全方位培训、培养和激励机制。着重建立由专业领域标准国际化技术专家和标准国际化管理专家构成的标准国际化人才体系，逐步组建起兼顾知识和年龄结构的标准国际化人才梯队，包括具有丰富经验和外语沟通能力的专业领域技术专家和具有丰富标准国际化活动参与经验和较强沟通协调能力的标准国际化管理专家。

4. 成效

截至 2019 年年底，由中石油管道公司牵头主导编制的三项国际标准 ISO 19345-1《管道完整性管理规范——陆上管道全生命周期完整性管理》、ISO 19345-2《管道完整性管理规范——海洋管道全生命周期完整性管理》和 ISO 20074：2019《石油天然气工业陆上管道地质灾害风险管理》已经正式发布。这是我国管道管理技术迈向国际舞台核心的重要一步，将为管道完整性管理在世界推广应用、减少管道事故、提升管理水平发挥重要作用。由石油管工程技术研究院提出的《石油天然气工业管道输送系统用耐腐蚀合金内覆复合弯管和管件》国际标准提案通过投票已正式被 ISO 立项。NACE TM 0215—2015《涂层系统的耐划伤测试方法》的发布对于提高管道外防腐层的抗腐蚀性能具有重要意义，也是长输管道在其长期的服役过程中安全运营的基本保障之一。同时，多名专家加入国际及国外先进标准化组织中，承担国际标准召集人、标准起草者、联络官等。

虽然我国标准国际化取得了一些成就，但是总体说，与发达国家相比，我国企业参与标准国际化工作的时间较晚，在技术和标准水平上仍存在差距，中国石油作为国内石油行业的领军企业，在推动标准国际化方面肩负着重大责任与义务，因此在未来仍需要积极推动中国在油气管道领域标准国际化方面的话语权，将企业的技术创新成果纳入国际标准，引导国际技术的发展，使企业科技成果产业化、国际化，从而提高企业的声誉和国际竞争力，维护我国企业和国家的利益。

第二节　参与标准国际化活动的原则与目标

参与国际标准化活动首先需要了解与本专业相关的国际标准化组织，深入了解其组织结构、已发布标准、标准制修订流程以及会员制度等内容。对于企业而言，应首先设立专门的标准国际化项目组，负责以上信息的调研、联系专家、组织研讨会、参与标准国际化会议及培训等相关事宜。项目组应首先对自主制定的各类标准进行筛选，初步确定标准国际化候选标准名单；之后组织专家进行讨论，通过确认关键标准技术需求，确定准确的候选名单，并安排相关专业人员开展候选标准框架和摘要的编写，同时可推荐相关专家参与到相应的国际标准化组织中去，负责部分标准的制修订工作。与此同时，项目组需与对应的国际标准化组织的国内对口机构进行沟通，或通过跟踪官方网站上的最新消息，安排标准编写人员进行填写。最后建议由专家再次对表格内容进行审查，重点突出标准立项的需求和必要性。在完成以上工作后即可将相关材料递交至对应的国际标准化组织国内对口机构进行立项申请，再根据各标准化组织的具体流程进行立项，在此过程中项目组应与对应国际标准化组织国内对口机构保持联系，适时推进立项进度，直至立项成功（见图8-1）。

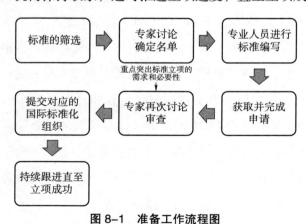

图8-1　准备工作流程图

该章内容将在丛书的《油气管道国际及国外先进标准培育研究》分册中详细阐述。

第九章 油气管道标准境外应用实践

第一节 油气管道境外工程简介

"一带一路"沿线诸多国家是资源大国，目前，我国在境外资源利用上，已经形成西北、西南、东北、海上四大油气战略通道，包括中俄、中亚、中缅和海上油气进口通道。四大油气战略通道，均包含在"一带一路"版图中。在目前的国际能源合作中，中亚地区是中国油气进口的重镇。目前，中哈原油管道、中亚天然气管道是"丝绸之路经济带"的生命线，打造了绵延上万公里的"能源丝路"，连接中亚资源地与中国市场。中缅油气管道是中缅两国经贸合作的典范，是"一带一路"倡议在缅甸的先导项目，为推进东南亚各国互联互通发挥着越来越重要作用。同时，中俄油气管道建设影响世界能源格局，中俄东线天然气管道工程是中俄两国元首亲自决策、亲自推动的重大战略性项目，是中国管道"走向世界"的又一张靓丽名片。而上述多个跨国管道项目作为"一带一路"能源战略通道的重要组成部分，将推动落实通过技术、装备出口，工程队伍走出去合作开发能源资源，在开放的格局中维护"一带一路"沿线国家能源安全。

一、中俄油气管道

中俄油气管道包括分别于 2010 年、2018 年投产的中俄原油管道工程和二线管道工程，以及目前正在建设的中俄东线天然气管道工程。

（1）中俄原油管道工程

2008 年 12 月中旬，中俄两国正式签署长期原油贸易合作框架协议，明确从 2011 年 1 月 1 日起，至 2030 年 12 月 31 日止，中方经由俄罗斯远东原油管道进口俄产原油共计 $3.0 \times 10^8 t$，每年进口 $1500 \times 10^4 t$。中俄原油管道工程于 2010 年 9 月 27 日竣工，从此开启了中俄能源合作的全新时代。

2018 年 1 月 1 日，中俄原油管道二线正式投产，俄罗斯原油开始从漠河向大庆林源输送，这标志着中国东北跨国油气运输通道——俄油进口第二通道正式投入商业运营，每年从该通道进口的俄油量将从现在的 1500 万 t 增加到 3000 万 t。中俄原油管道工程是两国互利合作双赢的典范，成为两国能源合作新的里程碑，反映了双方扎实推进油气合作的良好愿望和战略利益。

（2）中俄东线天然气管道工程

经历了 10 年的艰难谈判，中俄双方在 2014 年 5 月上海亚信峰会期间签署了《中俄东线天然气购销合同》，合同期为 30 年。双方约定，2018 年俄罗斯开始通过中俄东线向中国供气，供气量逐年增长，最终达到每年 380 亿 m^3。该合同以数额之大、合作年限之久及其对国际能源格局影响之深远，被称为全球天然气市场的"世纪大单"。为之配套的中俄东线天然气管道工程，中国境内北段（黑河—长岭）工程已于 2017 年 12 月 13 日全面开工建设，于 2019 年 12 月 1 日正式进气投产。中段（长岭—永清）已于 2019 年 07 月 05 日全面开工建设，计划于 2020 年 10 月建成。俄罗斯天然气工业股份公司已于 2019 年 12 月 1 日起开始通过"西伯利亚力量"输气管道向中国供应天然气。中俄东线天然气管道是中俄"长期、全面、战略性"能源合作的典型工程，双方充分挖掘潜力，发挥互补优势，为丝绸之路经济带建设和欧亚经济联盟建设对接做出示范。

2019 年 12 月 2 日下午，国家主席习近平在北京同俄罗斯总统普京视频连线，共同见证中俄东线天然气管道投产通气仪式。同时，习近平主席对管道运营管理提出打造"平安管道、绿色管道、发展管道、友谊管道"的总体要求，具体如下：打造平安管道，要坚持把安全作为管道行业的第一生命线，全力保障管道建设和投运安全可靠；打造绿色管道，要注重环境保护和自然能源节约利用，实现清洁发展、节约发展、低碳发展；打造发展管道，发挥好管道的辐射带动作用，促进管道沿线地区经济社会可持续发展；打造友谊管道，坚持优势互补、互利共赢，拉紧双方利益纽带。中俄双方表示中俄东线天然气管道是中俄能源合作的标志性项目，也是双方深度融通、合作共赢的典范，项目投产通气具有重大历史意义，将使两国战略协作达到新的高度。

二、中亚天然气管道

中国—中亚天然气管道，是由中石油主导建设和运营的连接中亚五国与中国的天然气管道。目前，中亚天然气 A 线、B 线、C 线已经通气投产，正在组织开展 D 线建设。

中亚天然气管道 A 线、B 线、C 线并行敷设，起点位于土库曼斯坦—乌兹别克斯坦边境格达依姆，分别与土库曼斯坦阿姆河右岸气田天然气处理厂（产品分成气）和土库曼斯坦马雷气田综合处理厂（购销气）的外输管道相连；经过乌兹别克斯坦、哈萨克斯坦，末站位于中哈边境。A 线、B 线输气能力 300 亿 m^3/a，C 线输气能力 250 亿方 / 年。中亚天然气管道 A 线、B 线西气东输二线管道衔接，中亚天然气管道 C 线与西气东输三线管道衔接，每年从中亚国家输送到国内的天然气约占中国同期消费总量的 15% 以上，惠及 27 个省、自治区、直辖市和香港特别行政区。截至 2020 年 3 月 31 日，中亚天然气管道 A 线、B 线、C 线三线累计向中国输气 3072 亿 m^3。

中亚天然气管道 D 线是继中亚天然气管道 A 线、B 线、C 线之后的又一条重要天然气管道，途经塔吉克斯坦和吉尔吉斯斯坦两个国家，输气能力达 300 亿 m^3/a。未来将与已建成的连接土库曼斯坦、乌兹别克斯坦、哈萨克斯坦的中亚天然气管道 A 线、B 线、C 线一道，形成中国—中亚天然气管道网，南北天然气走廊像张开的双臂拥抱着中国，把中亚五国与中国紧密相连，进一步加深中国与中亚国家的能源合作，促进经贸往来，增进传统友谊，互利共赢。

三、中哈原油管道

中哈原油管道是中国的第一条战略级跨国原油进口管道。2004 年 7 月，中石油天然气勘探开发公司（CNODC）和哈萨克斯坦国家石油运输股份公司（KTO）共同各自参股 50% 成立了"中哈管道有限责任公司"（KCP），负责中哈原油管道项目工程建设和管道运营。

中哈原油管道先期工程西起哈萨克斯坦阿特劳，途经肯基亚克、库姆克尔和阿塔苏，东至阿拉山口—独山子输油管道首站，其中阿塔苏—阿拉山段于 2006 年 7 月 20 日投入商业运行；阿特劳—阿塔苏段于 2009 年 7 月建成投产，管道实现全线贯通；管道最后一座输油泵站于 2013 年 12 月 13 日建成并通过哈萨克斯坦国家相关部门验收，输送能力达到设计输量的 2000 万 t/a，全线总长约 2800km，被誉为"丝绸之路第一管道"。

自中哈原油管道实现全线通油以来，管道一直安全平稳运行，原油输送量保持稳定，截至 2020 年 3 月 31 日，中哈原油管道累计进口原油 1.34 亿 t，不仅保障了中国西部地区能源的平稳供应，也促进了中国与"一带一路"沿线国家能源合作进一步深化。

四、中缅油气管道

中缅油气管道总体上是油、气双线并行，中缅原油管道的起点位于缅甸西海岸皎漂港东南方的微型小岛马德岛，天然气管道起点在皎漂港，经缅甸若开邦、马圭省、曼德勒省和掸邦，从缅中边境地区进入中国的瑞丽，再延伸至昆明，管道全长约1100km。中缅天然气管道缅甸境内段长793km，输气能力52亿 m^3/a，中缅原油管道缅甸境内段长771km，输油能力1200万t/a。天然气主要来自缅甸近海油气田，原油主要来自中东和非洲。中缅油气管道项目作为中缅两国建交60周年的重要成果和结晶，得到了中缅两国领导人及政府有关部门的高度重视和大力支持。

2017年4月10日，中缅在北京正式签署《中缅原油管道运输协议》，标志着中缅原油管道工程拉开投运大幕。项目克服了途经地区地形复杂、生态多样、社会依托较弱、当地物资采购和人力资源受限等困难，成功实现了通气通油。截至2020年3月，中缅管道已累计向中国输送天然气258亿 m^3，输送原油2836万t。中缅油气管道不仅开辟了缅甸油气进出口的新通道，也为缅甸南部丰富的天然气资源和进口的原油送往中部、北部等主要消费市场提供了渠道，有效带动当地民生发展和经济增长。

第二节　油气管道标准境外应用实践典型范例

标准是国际合作、互联互通的通用语言，是全球治理体系和经贸合作发展的重要技术基础。经济全球化条件下，标准化建设已成为影响全球贸易规则、国际竞争能力和国际话语权的核心问题。大力推动"一带一路"国家间标准合作，让标准先行、标准对接、标准融合、标准互通成为"一带一路"区域经济合作架构的基石，形成无空白、无交叉、无冲突的标准规范，可为"一带一路"沿线国家基础设施互联互通、安全运行提供强有力的保障。下文将结合油气管道海外工程，以典型油气管道标准境外应用实践为范例，说明油气管道领域所形成的多层次、多国家、多路径的标准走出去案例，具体包括：实现了从国际标准、国家标准、行业标准和企业标准的多层次标准"走出去"；实现了向俄罗斯、哈萨克斯坦、乌兹别克斯坦、吉尔吉斯斯坦、塔吉克斯坦等多国输出中国标准；实现了制定国际标准、采用中国标准、标准互认、联合制定标准、参考中国标准关键技术指标、成为事实标准的多路径标准"走出去"技术。

一、制定国际标准

1. 认定形式

国际标准主要是指 ISO、IEC 和 ITU 制定的标准，以及国际标准化组织确认并公布的其他国际组织制定的标准。制定国际标准是中国标准境外应用模式中最高级别的模式，即由中国的机构或企业主导（或牵头）制定国际标准。这种标准合作方式适用范围广泛，适用于多国间标准合作。但国际标准的制定周期一般为 3～5 年，周期普遍较长，同时需要世界范围内国际标准组织成员国之间达成协同一致，制定难度较大，而且所制定国际标准水平为国际通用技术水平，难以体现油气管道的先进技术水平。具体以管道完整性管理与地质灾害监测国际标准制定为例进行说明。

2. 实施过程与要点

近年来，国家管网公司北方公司建立了以工程设计施工、材料与装备、油气输送与储存、运行维护和决策管理 5 大领域为主体的油气管道技术体系，分析国内外技术差异，制定各领域技术攻关计划，依托中俄东线等重大管道工程，不断突破国际油气管道技术瓶颈，取得了一系列重大技术成果，在完整性管理技术、地质灾害监测与评价技术、腐蚀防腐技术、检测评价技术等方面取得的部分关键技术成果引领了国际油气管道科技水平的进步。由于"一带一路"沿线国家在完整性管理、地质灾害风险管理等领域缺少可以共同使用的国际标准，因此经由中国、俄罗斯、意大利、卡塔尔、马来西亚等 9 个国家共同参与、制定并发布了一系列该领域的 ISO 标准，填补了这一领域的空白。

（1）管道完整性管理规范实践过程

欧美国家完整性管理技术起步较早，API、ASME、BS 等先进国家及标准化组织都发布了相关技术标准，但这些标准大多存在缺乏具体的管理要求和技术指标，细节缺失导致操作性不强等问题。北方管道有限责任公司在完整性管理过程中积累了大量经验，在管道完整性管理技术研究方面取得了较多成果。依托已有的成熟技术条件和 ISO 组织尚未建立管道完整性管理领域的标准的背景，确定了提出 ISO 管道完整性管理标准的立项建议。并通过多轮投票、论证和修订，最终获得了 ISO TC67/SC2 各国专家及行业认可，正式发布 ISO 19345-1《石油天然气工业管道完整性规范　第 1 部分：陆上管道全生命周期完整性管理》和 ISO 19345-2《石油天然气工业管道完整性规范 第 2 部分：海洋管道全生命周期完整性管理》2 项国际标准。

（2）管道地质灾害风险管理规范实践过程

国际上目前缺少单独的管道地质灾害相关标准，目前油气管道相关的 ISO、ASME 标准中极少有条款涉及地质灾害相关内容。北方管道有限责任公司通过借鉴和集成国外管道地质灾害管理先进经验，开展多项科研课题攻关，形成了集风险识别、评价、控制为一体的管道地质灾害风险管理系列技术，并联合区域间各国，基于标准研究成果最终完成了获得国际各方一致认可的标准草案。历经委员会阶段、质询阶段和批准阶段多轮审批投票，最终，ISO 20074《管道地质灾害风险管理规范》于 2019 年 7 月 30 日正式发布。

3. 实施效果与意义

我国通过积极参加国际标准化工作，加强国际技术交流，将先进技术联合制定为国际标准，填补了区域内油气管道领域众多技术空白，对于促进"一带一路"沿线国家油气管道技术发展提供了强有力支撑。

二、采用中国标准

1. 认定形式

中国标准境外应用模式所认定的采用中国标准模式，具体要求为其他国家直接等同或修改采用中国标准；示范区建设及相关产品生产使用中国标准，等同采用或以中国标准为主制定其国内标准。这种合作方式周期较短，经各国对相关标准进行评估且达成一致即可，合作周期一般为几个月，且合作难度相对较小，同时适用范围广泛，不仅适用于两国间的标准合作，也适用于多个国家间的标准合作。以中国、吉尔吉斯斯坦共同制定 KMC-GB-50251（IDT）为例进行说明。

2. 实施过程与要点

中亚天然气管道 D 线途经乌兹别克斯坦、塔吉克斯坦和吉尔吉斯斯坦三个国家，俄罗斯管道标准得到吉尔吉斯斯坦认可。设计施工过程中，由于中国的 GB 50251《输气管道工程设计规范》与吉尔吉斯斯坦的《压力超过 10MPa 干线输气管道设计要求》存在较大差异，导致管道施工建设进程遇到阻碍，按吉尔吉斯斯坦以往惯例，中吉天然气管道工程项目实施将以俄罗斯 SNIP 标准为主，吉尔吉斯斯坦认为 SNIP 标准属于国际标准，而中方天然气管道初设采用的 GB 50251《输气管道工程设计规范》与俄罗斯标准有较大差异，从而严重影响了中亚 D 线吉尔吉斯斯坦段的初设审批。

为此，中方从技术先进性和项目实施可行性、经济性等角度进行了技术论证，在保证安全运行的前提下，建议采用更适合于吉尔吉斯斯坦国情的设计标准，这样做除了有效减少施工过程中风险和后期运行风险，提高管道建设水平和实施可行性之外，还会大幅度降低项目征地成本。最终在兼顾安全性和两国设计施工规范的框架下中吉共同制定了 KMC-GB-50251（IDT）标准。这一成果突破了吉尔吉斯斯坦现有建设程序的框架，为按照国际惯例推进项目建设奠定了坚实基础，对项目的实施具有重要的里程碑意义。

3. 实施效果与意义

KMC-GB-50251（IDT）的制定和实施，是中吉双方在"一带一路"油气管道标准合作领域取得的一项重大成果，项目实施的过程中克服流程困难，使得标准化工作成为两国油气管道合作工程的关键突破口。另外标准的实施为吉尔吉斯斯坦带来了直接经济效益预计达到 4350 万美元，除直接经济效益之外，在保障安全平稳运行的前提下，整个项目工期缩短、难度降低、工程量大幅减少，为中吉双方带来了积极的意义。

三、标准互认

1. 认定形式

标准互认是经国家或企业标准化管理部门协商一致，互相认可对方国家或企业在用的标准。我国标准境外应用模式所认定的标准互认模式，具体要求为双方针对具体领域具有一致性的标准进行互相认可。采用这种标准应用方式，国家和企业的自主性较强，互认周期一般为几个月至 1 年，合作周期较短，且合作难度相对较小，对国家或企业间的合作均具有重要意义，但适用范围较小，一般适用于两个国家或不同企业间的标准合作，当合作方或合作业务范围增加时，需另外进行相关标准互认。

2. 实施过程与要点

我国与俄罗斯在油气勘探生产、油气装备、工程技术、工程建设、国际贸易等领域都有着广泛的合作。但是由于在技术标准和合格评定制度差异等方面的影响，造成了贸易和技术合作的障碍和技术壁垒。中俄双方推进标准互认工作主要依托中俄政府间协议，重点聚焦在两个企业层面开展。2015 年 12 月，中俄双方企业成立了标准及合格评定结果互认工作组，2016 年 11 月 7 日，中俄企业负责人在圣彼得堡签署了《中国石油与俄气公司标准及合格评定结果互认合作协议》和《中国石油与俄气公司开展天然气发动机燃料领域可行性研究合作的谅解备忘录》。2018 年 6 月 8 日，中俄企业负责人开展了进一步深化各领域合作会谈，并签署《标准及合格评定结果互认合作协议的补充协议》，标志着在标准认定和互认领域合作又向前推进了重要一步，有助于推动中俄之间国家标准、行业标准的互认工作，减少产品的重复测试和检测。

整个标准互认主要在标准互认工作组的组织下分批次开展，第一批互认过程中双方选取了工业离心泵标准作为第一批互认标准，开展了企业间标准的制定工作。为提高标准的适用性，双方开始以中国标准为基础进行完善和修订，经过双方多轮的修订和审查，最终于 2018 年完成了近 500 页的标准文本。在第一次标准互认合作取得成果之后，双方立即启动了第二批标准互认工作，选取了针对连续油管产品制定企业间标准，目前双方对标准的主要技术内容已达成一致。

此外，中俄双方相关机构组织开展了能源计量标准对标，以及计量标准领域的计量比对，计量技术的交流与合作，可以说实现了油气管道领域从标准、计量到合格评定整个核心要素的互认。

3. 实施效果与意义

中国和俄罗斯在企业层面发挥企业间标准互认机制，通过两国油气工业标准合作，助推双方企业的产品、技术、装备、服务"走出去"，为今后中俄油气产业合作创造了有利条件。

四、联合制定标准

1. 认定形式

"一带一路"沿线国家油气管道技术标准水平不一，甚至有些国家缺少油气管道相关技术标准，联合制定所在国家的油气管道技术标准也是我国标准境外应用的一种有效方式。我国标准境外应用模式所认定的联合制定标准模式的具体要求为由我国主导，联合领域内多个国家或组织，以我国技术或我国标准为主共同制定一项标准。通过结合油气管道所在国的相关要求和地理环境特点，联合制定所在国标准，既可以填补标准空白，又可以保证标准内容的适用性和科学性。以中国、塔吉克斯坦联合制定标准为例进行说明。

2. 实施过程与要点

中亚天然气管道 A 线、B 线、C 线横跨四国且建设时间不同，导致三条管线之间、各运营国之间所采用的标准存在差异，同时考虑 D 线沿线主要地貌为山区和丘陵，地形复杂且运行维护难度大。因此为避免管道在不同过境国因各国法律法规不同和采用的标准存在差异给管道运营管理工作带来问题，需要一套适合本国的系统的天然气管道运行标准对其进行规范。在启动中亚 D 线之初，中塔双方先行推动管道运行维护行业标准的研究与编制。

2017 年，中塔天然气管道有限公司与中国石油管道公司签订中塔联合制定天然气管道运行系列标准协议，依托中国天然气管道运行成熟经验和先进技术，充分考虑塔吉克斯坦实际需求，为塔吉克斯坦建立一套天然气管道运行国家标准。在塔吉克斯坦天然气管道运行及维护系列标准研制过程中，在管理层面，中塔双方建立了运行及维护系列标准领导小组负责主持和推进标准落地工作；建立了中方工作小组，在业务和技术层面协助完成标准制定；建立了标准专家编写组，具体负责系列标准的研究、编制及审查。其中包括地方政府部门的支持、资深外聘顾问的协调、第三方专业公司的引导等多方力量构成独具特色的标准管理模式，从而保障工作高质量完成。从技术层面，双方首先从天然气管道运行、计量、检测技术等 9 个方面进行标准的比较分析研究。收集和梳理俄罗斯、国际、国外先进标准和中国综合性标准及重点技术标准，结合塔吉克斯坦国情，并针对近百项关键技术指标进行了细致对比分析。在吸收采纳两国标准的部分要求和规定的基础上，最终完成 9 项标准的编制。标准编制完成后，双方开展标准适用性技术研究，全面分析了标准技术内容适用性、经济适用性、环境适用性，全面论证了标准应用的适用性。经由相关政府主管部门审阅审批，9 项塔吉克斯坦行业标准完成了发布工作。该系列包括了高钢级、高压力、跨多国的管道运维标准，填补了塔吉克斯坦同类标准的空白，具有重要意义。

3. 实施效果与意义

中塔联合制定天然气管道运行系列标准的成功是采用联合制定标准在"一带一路"油气管道标准发展过程中的重大成果，通过标准化工作促进双方达成共识，解决发展过程中的摩擦与矛盾，促进两国和谐发展。同时，也保障了"一带一路"沿线国家能源需求，带动了"一带一路"沿线国家石油天然气行业基础建设、技术发展，提升了标准化水平，促进了当地经济发展。

五、参考中国标准关键技术指标

1. 认定形式

中国标准境外应用模式所认定的参考中国标准关键技术指标，具体要求为中国标准的主要技术内容及核心技术指标被国外标准引用。

2. 实施过程与要点

在中俄东线的建设过程中，中方通过充分研究与艰苦谈判，与处于国际油气领域技术先进地位的俄罗斯达成共识，首次将中国标准中的大量关键技术指标纳入到中俄东线技术谈判相关文件中，在中俄东线计量协议中，在气质成分要求、取样系统、流量计选型和天然气流量计算机等方面，共计 26 个技术条款及相关参数采用了中国标准技术指标。

3. 实施效果及意义

中俄东线计量协议的签署确保了中俄两国能源贸易的核心利益，推动了两国在能源贸易方面的合作，为"一带一路"油气管道标准合作提供了事实标准的成功案例。

六、成为事实标准

1. 认定形式

中国标准境外应用模式所认定的"成为事实标准"模式的具体要求为中国境外投资的跨国企业，在产品、零部件或配件采购、检测中使用中国标准。这种模式是指在跨国油气管道工程的建设或运行中，实际使用了中国标准或中国标准指标。这种合作方式周期较短，合作难度也较低，但是由于通常没有形成标准文件导致适用的范围较小，仅适用于两个企业间甚至某个特定的工程中的标准合作。

2. 实施过程与要点

依托中亚天然管道工程实践，中国石油每年组织专家赴"一带一路"沿线国家海外油气公司开展能耗测试工作，在实际工作开展过程中，中方采用行业标准 SY/T 6637—2018《天然气输送管道系统能耗测试和计算方法》开展具体测试，相当于在合资企业层面，采用中国标准进行能耗测试及计算，视为采用"成为事实标准"的方式实现标准的境外应用。为进一步推动该项工作开展，中方技术人员分别编制了该行业标准的英语版和俄语版，这也是国内油气管道节能节水领域的首个其他语种标准。

3. 实施效果及意义

能耗测试标准作为事实标准落地"一带一路"沿线国家，提升了我国天然气企业在"一带一路"沿线国家的知名度和认可度，更好地推动中国标准"走出去"，为"一带一路"能源通道高效运营贡献了力量。

该章内容将在丛书的《油气管道标准境外应用实践》分册中详细阐述。

第十章 展 望

国家管网集团于 2019 年 12 月 9 日正式挂牌，2020 年 10 月 1 日正式投入生产运营。国家管网集团的成立是贯彻落实习近平总书记"四个革命、一个合作"能源安全新战略的重大举措，是党中央、国务院关于深化油气体制改革和油气管网运营机制改革的重大部署。将对全国主要油气管道基础设施进行统一调配、统一运营、统一管理，必将进一步推动"X+1+X"油气市场化运营机制的形成，为保障国家能源安全和提高能源利用效率做出新的贡献。

国家管网集团的成立是为了将管道输送这一中间环节与上游资源、下游销售分开运营，这一全新产业格局将实现管网的互联互通，构建"全国一张网"，更好地在全国范围内进行油气资源调配，保障油气能源安全稳定供应。事实上，我国的管网与中亚、中缅、中俄等跨国管道是互联互通的，我国能源供应的安全平稳离不开海外管道的高效建设与安全运营。继续积极推动与"一带一路"沿线国家和主要油气管道途经国的标准化合作，共同制定优势领域国际标准，推动更多的中国标准在境外应用，加强与主要国家（地区）标准互认，是大势所趋。

本书虽然构建了标准体系建设为关键核心、标准信息化为基础保障、标准比对为提升工具、标准评估为有力抓手、标准国际化为重要目标的"五位一体"的油气管道标准技术体系，但未来仍然有许多工作需要继续深入开展。

一、进一步夯实油气管道标准化基础

长期以来，油气管道只是石油工业的一个子学科，是由流体力学、材料学、工程力学、机械等学科的交叉学科，油气管道标准化亦是如此。作为新的基础设施，油气管道将会持续发展，油气管道标准化亦如此。

接下来要在原有油气管道标准化分技术委员会（TC 355/SC 8）的基础上，适当扩大归口范围，深入研究标准化原理，大力开展标准体系建设，管道企业层面大力推行标准一体化建设，全面开展国内外管道企业对标，加快标准和标准化数字化建设，重点培育优势标准及标准体系。

二、持续完善油气管道标准境外适用性理论和评价方法

在已建立的油气管道标准境外适用性理论和评价方法基础上，进一步验证理论与方法的科学性，并将其拓展至重大装备领域，推动《标准境外应用可行性评价规范》标准的编制。

三、适时开展油气能源战略通道标准联通"一带一路"关键技术及策略研究

为继续全面提升我国油气管道标准境外应用效果，"十四五"期间将适时启动油气能源战略通道标准联通"一带一路"关键技术及策略研究。重点研究我国标准境外应用评价方法理论及方法，油气能源战略通道关键技术标准体系建设，油气能源战略通道关键国际标准及国外先进标准培育，中外油气合资企业标准化合作策略，中俄、中乌和东盟等多个国家之间油气能源战略通道关键标准互认研究等。总体上要建立起我国标准境外应用评价方法理论，培育国际标准或国外先进标准，推动标准互认，全面提升我国油气管道标准境外应用效果。

参考文献

［1］张妮，吴张中，刘冰，等．我国标准化改革新动向及企业标准体系建设新思路［J］．大众标准化，2017（04）：47-50.

［2］刘春卉．中国标准走出去的关键影响因素探析［J］．标准科学，2020（8）：11-19.

［3］刘冰．油气管道建设与运行一体化标准体系［J］．中国标准化，2017，497（5）：51-58.

［4］《中国油气管道》编写组．中国油气管道［M］．北京：石油工业出版社，2004.

［5］《世界管道概览》编写组．世界管道概览［M］．北京：科学技术文献出版社，2014.

［6］《油气管道标准化技术与管理》委员会．油气管道标准化技术与管理［M］．北京：石油工业出版社，2019.

［7］郑玉刚，张洪元．构建新的石油天然气管道行业标准体系［J］．石油工程建设，2005（01）：18-23.

［8］杨元一．中国石化标准化战略和标准体系［J］．中国石油和化工标准与质量，2008，28（12）：3-6.

［9］奚诗佳．石油企业标准体系建设新思路［J］．科学与财富，2018（36）.

［10］中国石油官网．集团简介［EB/OL］http：//www.cnpc.com.cn/cnpc/index.shtml.

［11］叶可仲，赵爱锋．对加快建立中国石油管道建设行业统一企业标准体系的探讨［J］．石油工程建设，2007（2）：14-17.

［12］郑玉刚，张洪元．构建新的石油天然气管道行业标准体系［J］．石油工程建设，2005（01）：18-23.

［13］刘凤花．我国油气储运标准化现状与发展对策［J］．化工管理，2018（22）：196.

［14］刘冰．以石油企业为例谈谈企业标准体系到底该如何做［J］．大众标准化，2017（3）：50-55.

［15］姚伟．我国油气储运标准化现状与发展对策［C］．纪念中国油气储运高等教育60周年暨第十次全国高校油气储运专业学术交流，2012：26-31.

［16］税碧垣，张妮，等．国内外油气管道标准体系现状分析及启示［C］．2013中国国际管道会议暨第一届中国管道与储罐腐蚀与防护学术交流会，2013：286-291.

［17］American National Standards Institute.United States standards strategy［R/OL］.2009［2012-03-25］. http：//www.us-standards-strategy.org.

［18］European Committee for Standardization.CEN-strategy 2011-2013［R/OL］.2010
　　　［2012-03-20］.http：//www.cen.eu.

［19］Standards Council of Canada.Canadian standards strategy（CSS）2009-2012［R/OL］.
　　　2009［2012-03-20］.http：//www.scc-ccn.ca.

［20］姚伟.我国油气管道标准化现状与发展对策［N］.石油管道报，2012（004）.

［21］李凤云.美国标准化调研报告（上）［J］.冶金标准化与质量，2004，42（3）：
　　　27-34.

［22］李凤云.美国标准化调研报告（下）［J］.冶金标准化与质量，2004，42（5）：
　　　55-61.

［23］马伟平，蔡亮等.参与 ISO 油气管道标准国际化策略研究［J］.天然气与石油，
　　　2013，31（04）：1-5.

［24］马伟平，贾子麒等.美国油气管道法规和标准体系的管理模式［J］.油气储运，
　　　2011，30（1）：5-11.

［25］税碧垣，杨宝玲.国内外管道企业标准体系建设现状与思考［J］.油气储运，
　　　2012，31（05）：326-329+344+407.

［26］刘冰，刘玲莉，等 我国油气管道标准管理机制与北美的差异与思考［J］.标准科
　　　学，2010（04）：53-57.

［27］姚森，齐卫，等.参与 ASME 油气管道标准国际化策略研究［J］.全面腐蚀控制，
　　　2014，28（05）：15-18.

［28］王强，明廷宏，等.美国石油学会油气管道标准研究［J］.石油工业技术监督，
　　　2013，29（03）：24-29.

［29］马伟平，李云杰，等.国外油气管道法规标准体系管理模式［J］.油气储运，
　　　2012，31（01）：48-52+85.

［30］林敬民.长输管道建设标准体系分析［C］.2016 长输管道中外技术标准差异分析
　　　研讨会，2016：87-99.

［31］刘冰.油气管道建设与运行一体化标准体系研究［J］.中国标准化，2017（5）：
　　　51-58.

［32］何崇伟，张红源，等.油气管道标准体系现状分析及建议［C］.2013 中国油气田
　　　地面工程技术交流大会，2013：1097-1100.

［33］刘碧松，任冠华，魏宏，等.标准体系适用性现状调查与分析［J］.世界标准化与
　　　质量管理，2005（05）：22-26.

［34］任冠华，魏宏，刘碧松，等.标准适用性评价指标体系研究［J］.世界标准化与质
　　　量管理，2005（03）：15-18.

[35] 张智博，苏义坤，武艾琳，等.绿色建造标准对工业化建筑的适用性评估研究[J].建筑节能，2018，46（12）：27-31.

[36] 张超，解忠武，秦挺鑫.企业技术标准实施评价方法研究[J].标准科学，2016（05）：38-42+51.

[37] 许树柏.实用决策方法：层次分析法原理[M].天津：天津大学出版社，1988.

[38] 茅海军，王静远，惠媛，等.基于AHP层次分析法的团体标准评价指标体系研究[J].标准科学，2017，12：96-100.

[39] 徐蔼婷.德尔菲法的应用及其难点[J].中国统计，2006，9：57-59.

[40] 刘松.基于遗传神经网络的列车乘坐舒适性标准评价研究[D].南京：南京理工大学，2011.

[41] 李远远，云俊.基于粗糙集的综合评价方法研究[J].武汉理工大学学报（信息与管理工程版），2009（6）：981-985.

[42] 崔凌云.标准信息服务的现状及发展展望[J].航空标准化与质量，2001（5）：9-11.

[43] 郭德华.面向产品的标准信息知识链接构建研究[J].标准科学，2013（3）：6-9.

[44] 甘克勤，马志远，张明.标准文献关联可视化研究与实践[J].标准科学，2015（1）：34-38.

[45] 《油气管道标准化技术与管理》编委会.油气管道标准化技术与管理[M].北京：石油工业出版社，2019.

[46] 中国石油管道公司.国内外油气管道标准比对分析[M].北京：石油工业出版社，2010.

[47] 陈渭.标准化基础教程[M].北京：中国计量出版社，2008.

[48] 税碧垣，杨宝玲.国内外管道企业标准体系建设现状与思考[J].油气储运，2012，31（5）：326-329.

[49] 郭春雷，谢辰，武思雨，等.国内外长输管道设计标准关键技术问题探讨[J].全面腐蚀控制，2018，32（4）：41-45.

[50] 刘涛，刘守华，于耀国.中国隧道标准在中亚天然气管道D线实践研究及应用[J].石油工业技术监督，2017，33（12）：33-36.